世界史を変えた異常気象

田家 康

文庫版のためのまえがき

「エルニーニョの発生により、日本ではこれから冷夏と暖冬が訪れる」

こうした長期予報をお聞きになったことがあるのではないか。エルニーニョとは、太平洋東部の熱帯域の海面水温が通常より高くなる現象のことを指す。わずかな数度の変化であるものの、地球全体の気圧配置を変え異常気象をもたらす力を持っているのだ。統計的にみても、エルニーニョ発生時の日本各地での冷夏と暖冬という傾向は、五割前後の確率になっている。

海洋は気象を変える大きな要因である。今日の気象予報において、短期予報から1カ月予報までと1カ月を超える予報では、予報モデルが根本的に異なっている。1カ月予報まででであれば、海洋の状況について現状のままという前提をおいてスーパーコンピュータで大気の状態だけを予測計算をしても問題は生じない。しかし、1カ月以上の長い予報となると、空を見上げてばかりではいられない。熱量などの物理量でみると海洋は大気と比べて圧倒的に大きく、数カ月や数年という単位でみれば、海洋が大気のあり方を決めているといっても過言ではないからだ。このため、気象庁では1カ月を超える予報（3カ月予報、暖・寒候期予報）については、大気海洋結合モデルを用いている。このモデルでは大気と海洋についてのそれぞれの力学的モデルを結合し、その相互作用を考慮しながら大気と海洋の動きを一体化して予測している。

海洋の変動にはどのようなものがあるだろうか。数カ月程度の期間でいえば、身近な例として日本列島の太平洋側を流れる黒潮の蛇行がある。黒潮が蛇行し、沖合に冷水塊が生まれると、回遊魚などの漁獲量に大きな影響をおよぼす。

もっと長い時間軸となると、太平洋や大西洋などでの海面水温が十年から数十年周期で変動する現象がある。21世紀に入ってからの数年間、地球全体の平均気温に上昇がみられず、温暖化懐疑論者の声が高まった。今日では、温暖化が抑制された大きな原因として、太平洋の海面水温が10年周期で変動しており、この時期は低温傾向であったためと考えられている。2010年代後半になって、今度は太平洋の海面水温は高温傾向を示しており、今後は温暖化が加速するとの見込みも出ている。

こうしたさまざまな時間軸での海洋の変動の中でもっとも代表的なものが、冒頭で述べたエルニーニョである。1970年代以降、エルニーニョの発生メカニズムについての研究は飛躍的に進歩し、地球全体の気候におよぼす影響もわかってきた。エルニーニョを考慮しなければ、長期の気象予報はあり得ないといっても過言ではない。

本書はエルニーニョがもたらす異常気象をとりあげ、その影響が世界史を変えるほどのものであったことを物語風に記したものだ。２０１１年に単行本として出版した際に、博物学者の荒俣宏氏やウェザーマップ社会長の森田正光氏をはじめとして、新聞や雑誌において温かい書評を頂戴した。今回、文庫本としてより多くの方々のお手元に届けばと願っている。

そして、エピローグの「エルニーニョ研究の最前線」については、山形俊男東京大学名誉教授からご教授いただいた内容を踏まえている。山形先生に御礼申し上げるとともに、著者の理解不足により不正確な記述がある場合に、その責は著者にあることを申し添えたい。奇しくも本年は、山形先生がインド洋ダイポールモードを発見されて20周年に当たる。理論の構築は日進月歩で塗り替えられていくが、発見の業績は不滅である。この文庫版をエルニーニョ研究の第一人者である山形先生に捧げたい。

２０１９年４月

田家　康

はじめに

地球の表面の70・６％は海が占めている。地球が「水の惑星」といわれる所以だ。海洋の平均深度は３７２９メートルであり、約14億立方キロメートルに及ぶ液体（水）が蓄えられている。水深２０００メートル以上が深海層と呼ばれ、海の体積の約70％がここにある。このため、海洋の平均水圧は３００気圧以上もあり、海水は凝縮された状態で溜まっている。

一方、地表の上をおおう大気をみると、地表に一番近い対流圏から、成層圏、中間圏、熱圏と重なり高度１００キロメートルに及ぶ。しかしながら、気圧をみると成層圏に当たる高度20キロメートルですでに地表の1割となり、高度80キロメートル以上の熱圏となると０・００１ヘクトパスカルしかない。窒素や酸素といった気体の構成比はさほど変わらないまま、大気は上空に行くほど密度が薄くなっていく[1]。

このように、気体と液体という物質としての相の違いや密度の違いから、体積をみれば大気の方が海よりも空間的に大きいものの、物理量としては海の方が大気よりもはるかに大きい。海は大気の約１０００倍の熱量を保存し、二酸化炭素についても大気の約60倍を蓄えることができる。こうした特徴から、海は大気に影響を与え、気象現象を動かす大きな要因となっている[2]。

海洋の中でとりわけ大きいのが太平洋である。太平洋の表面積は大西洋の1・6倍、インド洋の2・1倍であり、地表全体の3分の1を占める。パナマ湾からインドネシアのセレベス島までの距離は1万8000キロメートル以上あり、地球の円周の45％に相当する。

この広大な太平洋の東部熱帯域において、海面水温は数年おきに気まぐれな変化をみせてきた。通常年よりも2度から3度高くなり、あるいは1度から2度低くなる。前者がエルニーニョ、後者がラニーニャと呼ばれる現象である。わずかな海面水温の変動ではあるものの、この動きが南米大陸西側の天気を変え、さらに太平洋熱帯の風や海流の流れに影響を及ぼし、ひいては東アジアやインド洋のモンスーンの強弱に関係し、さらに熱帯を越えて中緯度の国々にまで異常気象をもたらすことになる。

異常気象とは、気象庁の定義によれば30年に一度発生する極端な気象現象を指すもので、集中豪雨や豪雪といった地域的に発生するものから、酷暑・冷夏、大寒波・暖冬といった地球規模での広がりをもったものまでさまざまである。世界的な異常気象が発生する場合、その多くは太平洋東部熱帯域でのエルニーニョ、ラニーニャに由来している。

本書では、このエルニーニョあるいはラニーニャという気まぐれな太平洋東部の熱帯域での海面水温の変動が、どのような異常気象をもたらし世界の歴史を動かしてきたのかを語っていきたい。

第1章では、南米大陸西側のペルー沿岸地域での海流と降水量の変動を紹介する。太平洋を中心に海流の循環についての簡単な解説をした後、16世紀初めのペルーへと舞台は移る。海面水温のわずかな変動が、スペインの征服者《コンキスタドール》に対して、どのような幸運をもたらしたのであろうか。

第2章は、太平洋東部の広い範囲での海流と風の循環の変化に触れている。モアイ像で有名なイースター島は絶海の孤島である。ポリネシア人がカヌーに乗って渡来したとされるが、他の島々との交流は非常に稀であった。彼らはどのような自然現象のもとで、イースター島までたどり着くことができたのだろうか。

第3章は、19世紀後半にインドおよび中国を襲った干ばつの由来を探っていく。熱帯地方に吹くモンスーンの強弱は何に由来するのか。当時の科学者はモンスーンの予測について、いかなるアプローチで迫ろうとしたのか。そして、欧米各国は干ばつで疲弊したアジアやアフリカに対して、新たな形での植民地支配へと政策転換を図っていったのである。

第4章では、熱帯を離れ欧州の中緯度にまで及ぶ気候の変動を扱う。１９４１年秋から冬にかけて、ナチス・ドイツはタイフーン作戦と名づけたモスクワ攻略を開始し、敗退した。一般にはナポレオンの轍《てつ》を踏んだとされている。ヒトラーはロシアの気候について、

『世界史を変えた異常気象』各章の対象範囲と主要登場人物

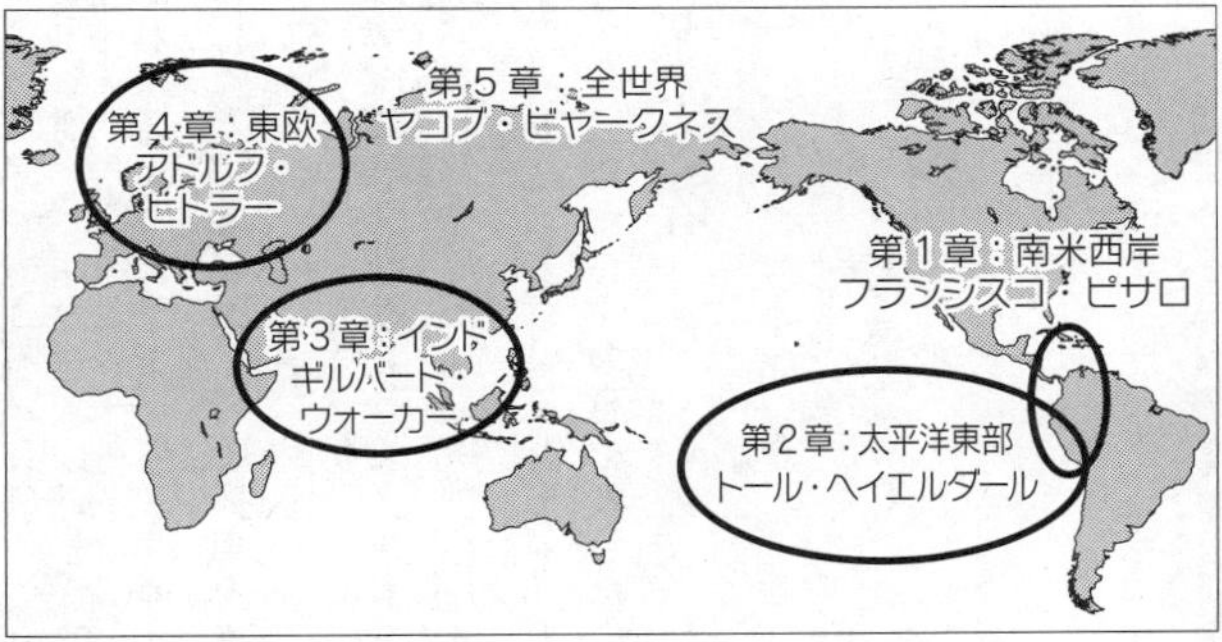

事前にどのような検討を行い、そしてどう間違えていったのか。さらに、翌1942年暮れのスターリングラードの気まぐれな天気が、ソ連の赤軍に包囲されたドイツ第6軍に対していかに厳しいものであったのか。

第5章は、1972年の春に始まる異常気象が話題の中心となる。太平洋東部の海流の変化がペルー一国の漁業を衰退させただけでなく、干ばつや多雨を世界各地にもたらし、エチオピアでは700年続いた帝国が崩壊した。そして、世界食糧危機は外交や貿易取引という面で大きな転換点となり、その後の国際社会のフレームワークまで変えてしまうのである。

本書は、エルニーニョに由来する異常気象を巡る五つのエピソードを歴史ドラマに仕立てて掘り下げる形とした。そして、エルニーニョという自然現象が発生する理論や、いままであまり紹介されてこなかった科学者の研究史についても紙面を割いた。やや難しいと感じられた場合、飛ばして読んでいただいてもその後の展開がわかるようにしている。エルニーニョに由来する地球規模の異常気象が、世界の歴史での様々な局面において転換点をもたらしたと感じていただければ、著者として大変うれしく思う。

なお、本書の出版に当たって、日本気象予報士会の友人として日本放送協会の渡辺保之氏ならびに気象庁気象研究所の岡本幸三氏からご助言をいただいた。また、前著『気候文明史』と同じく編集者の堀口祐介氏の優しい励ましにより、出版までこぎつけることができた。お三方に感謝の意を表したい。

2011年8月

田家　康

表記について

1. 本書における地名および人名は、一般的に用いられている表記によった。
2. 「エルニーニョ」という言葉は、毎年クリスマスの時期に発生するペルー沖の海流の季節変化が語源である。一方、気象庁では、「太平洋赤道域の日付変更線付近から南米のペルー沿岸にかけての広い海域で海面水温が平年に比べて高くなり、その状態が1年程度続く」ことを「エルニーニョ現象」と区別して定義している。気象庁の定義によれば、本書での39頁を除いて、すべて「エルニーニョ現象」と書くべきところである。しかしながら、一般には「エルニーニョ」が海面水温の長期的な変動を意味する場合が少なくなく、欧米でも一般書のみならず学術論文においても、「エルニーニョ」「エルニーニョ現象《イベント》」と混在しており、標記は必ずしも統一されていない。本書では、「エルニーニョ現象」と記していくと、煩雑感が否めないことから、すべて「エルニーニョ」で統一し、両者の言葉としての違いを分ける必要がある際は、その箇所で解説することとした。

目次

第2章 イースター島の先住民はどこから来たのか

第3章　アジアの大飢饉と新しい植民地支配

第5章 世界食糧危機（1972年〜1973年）

装丁・間村俊一

第1章

征服者《コンキスタドール》を導いた「神の子」

「あの船に乗っていた奴らが、
大軍とともに戻ってきて、この国を支配するだろう」
――インカ帝国11代皇帝、ワイナ・カパック

1　フンボルトが観測した海流

『新大陸赤道地方紀行』

1802年12月、ドイツ人の博物学者アレクサンダー・フォン・フンボルト（1769－1859）は南米大陸ペルーのリマに2カ月滞在した後、港町カヤオから船でグアヤキルに向かった。この航海で、フンボルトはペルー沖の太平洋沿岸を南極方向から流れる冷たい海流を観測し、海流の強さや海面水温についての克明な記録を残した。

フンボルトは、1769年9月14日にベルリンでプロイセン国王付の侍従の次男として生まれた。2歳年上の長男のヴィルヘルムは幼い頃から聡明で、母親は大いに期待をかけ、高級官僚にしようと英才教育を施した。ヴィルヘルムは言語学者として出発し、後にベルリン大学の創設者となる。一方、次男のアレクサンダーは、物覚えが悪く落ち着きのない子供であった。母親は彼には苦労のない役人人生を歩ませようと、ハンブルク商科大学に進学する道を選ばせた。

けれども18歳の青年は、トーマス・クック（キャプテン・クック）の世界周航に思いを馳せていた。クックに同行したフォスターから直接話を聞けたことで強い影響を受け、フンボルト自身も世界中を探検したいとの夢を膨らませたのである。ハンブルク商科大学を

1年で終えると、ドイツ南西部のフライブクルにある鉱山大学で鉱山技師養成コースを履修した。1792年2月までのわずか8カ月ではあったが、午前中に採鉱などの実技科目、午後は地質学や岩石分類法、測量法といった理論を学んだ。

フンボルトは鉱山局監督官補になると、20代半ばにしてヨーロッパの鉱山を次々に巡り、1799年3月にアランフェスでスペイン国王に謁見した折に、スペイン領のアメリカ大陸植民地を訪問したいと申し出た。カルロス四世は、フンボルトが新しい鉱山を発見した場合、その経済的利益はスペイン王国のものになるとの条件つきで彼の希望を許可する。かくして、フンボルトは1800年11月24日、リマに向けて旅立った。

翌年の3月、カリブ海のカルタヘナ沖でフンボルトは思案した。地図をみる限り、リマに向かうならメキシコ湾を船で渡り、パナマ地峡を通って太平洋に出て、そこから船で南下するのが距離的に短くもっとも早そうだ。しかし、海流を逆向きに進まねばならず、グアヤキルまで直線距離で900キロ南下するのに3カ月もかかるとの情報を得た。このため、フンボルトは南米からアンデス山脈を越える陸路を選んだ。[1]

また、南米大陸東側に位置するベネズエラのカリアコ湾に滞在した際に、南米大陸の西側沿岸では、赤道直下であっても気温が異常に低いという話を聞いている。フンボルトは『新大陸赤道地方紀行』（1807年）の中で次のように記している。「ブライ船長の興味深い航海記によれば、小型船で漂流するはめになったが、この時、彼を悩ませたものは、南緯10度から12度という位置にもかかわらず、飢えよりも寒さの方だった」[2]。

南米大陸西岸で観測した寒流

フンボルトの一行はアンデス山脈を東から西に越えていった。道中で当時世界最高峰と目されていたチンボラソ山（標高6267メートル）の登頂に挑戦したものの、5875メートルまで登ったところで、高山病により断念した。その後、1802年10月22日に目的地のリマに到着し、この地に2カ月滞在した。リマはペルーの南北に広がる海岸線のおよそ真ん中に位置する海岸砂漠にある都市である。いまでこそサンチャゴに次ぐ第二の人口を有する都市だが、フンボルトが訪問した当時は小さなさびれた町であった。闘牛を除けば何の娯楽もなく、1年半をかけて未開の地を探検してきた一行にとっては期待外れであった。

それでもフンボルトは滞在中に水星の日面通過を観測し、カヤオ港の緯度を計測している。さらに持ち前の好奇心から、この地の農民が用いているグアノと呼ばれる肥料に関心をもった。海岸や沖合の島々には、棲息するペリカンやシロカツオドリといった海鳥（グアノバード）の糞が数千年かけて積もり、堆積物の厚さは30メートル以上もあった。

グアノ（Guano）とは、現地のケチュア語のファノ（Huanu）を語源としている。言葉の意味は単に「糞」であったものの、ペルーの農民によって6世紀頃から長年、肥料として用いられていた。尿酸により黄色い半固形物で強い悪臭を放ってはいるものの、窒素が豊富で肥料としての効果は絶大であり、乾燥した農地でも穀物を豊かに実らせることができた。インカ帝国では黄金とともに神がもたらしたものと考えられ、糞を落とす海鳥の営巣を破壊する行為は死刑とされてきた。不思議に思ったフンボルトは化学分析を行うため標本をパリに送っており、グアノがヨーロッパや北米に伝えられるきっかけとなった。[3][4][5]

フンボルトはリマ滞在後に帰国の途に着くべく、カヤオからグアヤキルまで航海した。南米大陸西側の沿岸で南から流れる強い寒流について、流速や海面水温を計測したのはこの時である。南米大陸西岸で沿岸地域と沖合の二つの流れをもち、高緯度の冷たい海水を赤道地域に運ぶ寒流はペルー海流という。ところが、彼の調べた詳細な観測記録から、ペルー海流は別名としてフンボルト海流と呼ばれることが多い。

フンボルト自身はこの寒流に自分の名前がつけられたことについて、複雑な思いをもっていた。彼自身が初めて発見した寒流ではなく、当地の船乗りや漁師であれば、誰でも知っている海流であったからだ。彼にとってはチンボラソ山への挑戦こそ誇るべき冒険であったのだが、彼の抗議にもかかわらず、海図の中でこの寒流はしばしば彼の名前をつけて記載されることとなった。[6]

太平洋の亜熱帯循環系

海洋には強い流れのある箇所があり、この流れを海流という。大海原の中の川にたとえられ、日本の太平洋沿岸を北上する黒潮の場合、もっとも流れの強い箇所は秒速2メートルで、その幅は100キロメートルから200キロメートルに及ぶ。幅が広いことで流水量は毎秒5000万トンもあり、日本でもっとも長い信濃川の流水量が毎秒530トンであるのと比較すると、およそ9万倍以上である[7]。

日本列島の太平洋沿岸を流れる黒潮は、北緯40度付近まで北上した後、北米大陸のカリフォルニア付近に向かって北太平洋海流として東進する。北米大陸西側の沿岸まで来ると、右に曲がってカリフォルニア海流として赤道方向へ南進し、さらに北緯10度付近で西へと向きを変え、北赤道海流となってフィリピン沖にたどり着く。フィリピン沖に至ると今度は北向きへ転換し、黒潮として日本近海に戻ってくるのだ。

このように広大な北太平洋を広い範囲で時計回りに回っている海流を亜熱帯循環系という。この大きな循環の中で、太平洋西側で海流が熱帯域から北上する時、暖かい海水が高緯度側に運ばれるため暖流となり、一方で太平洋東側を南下する際には冷たい海水を熱帯域に運ぶことから寒流となる。

米国カリフォルニア州ロサンゼルスは北緯34度付近と日本の下関から徳島と同じ緯度にあるものの、年間平均気温は、摂氏24・8度と日本の石垣島の24度を上回る。しかしなが

図1-1　太平洋の海流

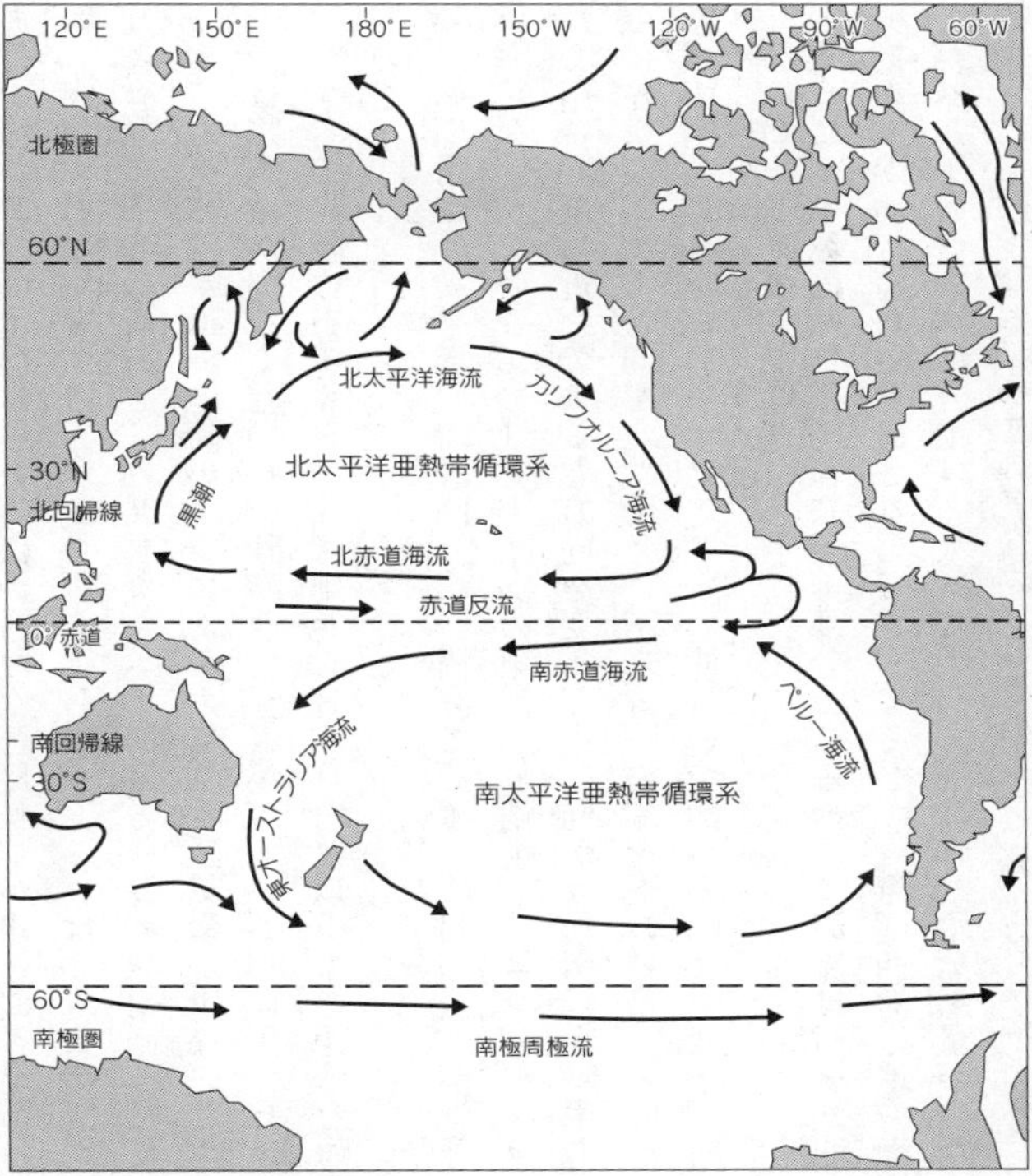

出典：『海洋学』（2010）p.201

ら、海岸を流れる海面水温は思いのほか冷たく、日差しが強いにもかかわらず、夏にサンタモニカ海岸で海水浴をすると寒さで震えてしまう。これは北米大陸西岸に沿っておよそ700キロメートルの海域を、カリフォルニア海流という亜熱帯循環系による寒流が流れているからだ。水温が低い寒流の上空にある大気は水蒸気量が少ないため、北米大陸の海岸近くでは降水量が少なく乾燥し、砂漠地帯が広がっている。ロサンゼルスで消費する上水道は、すべて内陸にあるオーエンズ川から300キロ以上もの距離を水道管で引いて運んだものだ。

亜熱帯循環系は北太平洋で時計回りに一周しているのに対して、南半球では反時計回りに広い海域を回っている。フィジー諸島の東海上で南下し、ニュージーランド北島の沿岸に当たる南緯45度付近まで来ると方向を変え、東に向かう。南米大陸東方までたどり着くと今度は左に曲がって方向を北に変え、南米大陸沿岸を進み熱帯へと向かう。北上した海流は赤道南側のコロンビアやエクアドルの沖合いで西へと向きを変え、南緯10度付近を貿易風に沿って西進することになる。

このように南半球の亜熱帯循環系の一部であるペルー海流は、チリ沖を高緯度側から赤道方向に向かって流れる寒流となっている。そして、米国西海岸地方と同じく強い寒流に面したペルーのコスタ地方では、大気によって運ばれる水蒸気量が少ないため、湿度は低く乾燥した気候となる。チリのアタカマ砂漠のように熱帯砂漠が形成される地域もある。

北半球で時計回り、南半球で反時計回りの海流を作るコリオリの力

太平洋の亜熱帯海域での海流の大きな循環が、北半球では時計回り、南半球では反時計回りと向きが逆である理由は、地球の自転によるコリオリの力という効果が働いているためだ。フランス人の物理学者・数学者のガスパール＝ギュンター・コリオリ（1792－1843）が発見した見かけの力である。見かけというのは、重力や電磁力といった物理的な力ではなく、地球の自転の影響で角運動量保存則により「そのようにみえる」ということだ。このコリオリの力によって、海流は北半球では北上・南下する際に右へと曲がるようにみえるため時計回りに循環することになる。

コリオリの力の及ぼす効果は、赤道付近から中緯度に向かう時がもっとも大きい。このため、北太平洋の亜熱帯循環系の中で流れが特に強いのは日本の太平洋沿岸で海流が北上する海域であり、黒潮がそれに当たる。一方、北太平洋の東側で海流が南下する際には、コリオリの効果が弱まっていくため、黒潮ほどには流れが強くならない。

そして、南半球ではコリオリの力は南北反対に働く。海流が北上・南下しようとすると、見た目上は常に左に曲がろうとする傾向が現れることになる。かくして赤道から南側の亜熱帯循環系は、クック諸島周辺を中心として反時計回りに循環する。このコリオリの力による循環が、南米大陸西側の沿海では、赤道に向かって南極方面からペルー海流という寒流が形成される由来となる。

ところが、フンボルトが海流の強さと海面水温を計測したおよそ270年前、スペイン人の征服者《コンキスタドール》は、北上する海流の流れに逆らって船でパナマからペルー沿岸まで南下し、インカ帝国を支配したのであった。

2 16世紀の征服者《コンキスタドール》たち

パナマに集まった3人のスペイン人

1524年、スペイン人によって建設された植民地パナマで、3人の男が探検を計画していた。ディエゴ・デ・アルマグロ、神父のエルナンド・ルケ、そしてフランシスコ・ピサロである。ディエゴ・デ・アルマグロ（1479－1538）は私生児として生まれ、15歳で家を出てアンダルシア地方を放浪していた。1492年のコロンブスによる新大陸発見の報を聞いて冒険心をかき立てられ、パナマ総督の艦隊に応募し、1515年に中米パナマの地を踏んだ。エルナンド・ルケ（生年不詳－1532）は、前年の1514年にダリエンに代わってパナマ総督となったペドラリアス・デ・アビラの船に乗ってパナマに到着した。この地で2人は、セビリア出身のフランシスコ・ピサロと出会う。

フランシスコ・ピサロ（1471－1541）は、1513年にバスコ・ヌニュス・デ・

バルボアのパナマ遠征の一員として大西洋を渡った。バルボアはコロンビア北部のウラバ湾から中米東岸に渡り、金鉱を探すうちにパナマ地峡を横断し、同年の9月29日、西岸のパナマにたどり着いた。ここで、バルボアは南に広がるサン・ミゲル湾を発見し、「南の海」と命名している。ヨーロッパ人が初めて太平洋を目撃した瞬間である。バルボアはさらに南下しようとしたが、新しくパナマ総督に就任したペドラリアス・デ・アビラと対立し、1519年に反逆罪で処刑されてしまう。フランシスコ・ピサロはパナマ市に残り、家、財産、そしてインディオを奴隷として所有する有力者になった。[8]

3人は、コロンビアの大西洋に面するウラバ湾西側の海岸ティエラ・フィルメで流布されている噂を語り合った。南に下ると、山間部にピルー（ペルー）という国があるが、住民は毒矢を放ち戦闘的な態度であり、とても征服などできないというものであった。一方で、バルボアがスペイン国王のフェルナンド二世（アラゴン王）に送った書簡には当地の首長たちの話が紹介され、その地の川には大粒の砂金が流れ、信じられないほどの金の細工があるという。3人は、困難を伴うであろうがペルーを征服すべきだと、意見の一致をみた。[9][10]

第1回遠征（1524年～1525年）

ピサロは、パナマ総督ペドラリアスから「南の海」の海岸を東に向かって南方の地を探検する許可を得ると、乗員を募集し、財産の多くを売却して大きな船の建設費や探検に必要な資材の購入に充てた。遠征隊はピサロを総司令官とし、スペイン人112名および数名のインディオで構成され、1524年11月14日に南に向かうべく出港した。副官のアルマグロは、別の船で乗員70名とともにピサロを追いかけた。

しかし、先に船出したピサロの一行は、ペルー海流に沿って吹く逆風によって簡単には南下できなかった。出港してから何とか海岸線に面した土地に上陸するまでに70日もかかった。上陸できる場所をみつけたものの、その後の食糧に不安が出た。一部の船員はパナマ領内のサン・ミゲル島までいったん戻って、物資の補給をせねばならなかった。この往復には47日もかかったため、船が戻ってくる間に、残ったピサロらの食糧は尽きてしまう。

ピサロらは海岸の貝を広い、あるいは苦い味の椰子の芽を摘んで飢えをしのいだ。食糧の採取中に死ぬ者まで出た。居残った隊員のうち20名以上が死亡したという。彼らは怨念をこめて、その地を「飢えの海」と名づけている。物資補給に戻った船員もサン・ミゲル島まで戻る間に食糧が尽き、弾薬を入れる袋の素材である牛のなめし革を柔らかくして食べる状況であった。

トウモロコシと豚を積んだ補給船が帰ってくると、ピサロ一行は再び南へと船を進め、ようやく先住民の住む海岸にたどり着いた。ところが、翌日に武装したインディオが疲弊したピサロらに襲いかかり、ピサロ自身も7カ所に傷を負い、遠征隊は敗走してしまう。

ピサロはパナマまでの帰路にあるインディオの集落チュチャマで下船し、自分や隊員の傷を癒すとともに、遠征の経過をパナマ総督のペドラリアスに報告した。

ピサロを追いかけたアルマグロの一行は、ピサロが敗走した地まで南下したものの、彼らもまた好戦的なインディオの襲撃を受けた。アルマグロは片目を失い、彼の部下も多くは負傷した。それでもアルマグロは沖に出るとさらに岸に沿って船を南下させ、ブエナベントゥラ河口に当たるサン・ホアンという大きな川に出合った。

アルマグロはピサロと出会うことはできなかったのだが、この地でわずかながら金細工の見本をみつけた。ペルーという国に黄金が満ちている証拠を得たことに満足し、北へと船を戻した。アルマグロは、パナマに帰る途中のチュチャマでようやくピサロと再会することができた。第1回遠征に参加した隊員182名のうち、パナマまで戻ることができたのはおよそ50名であった。[11][12]

第2回遠征（1526年～1528年）

惨憺たる結果であったにもかかわらず、ピサロとアルマグロはペルー征服を諦めなかった。アルマグロは船の修理とさらなる遠征隊員を募集するために、残っていたすべての事業資金を充てた。ピサロらが再び遠征隊員の募集を始めたことにパナマ総督は難色を示したものの、ピサロから交渉を任されたアルマグロは、自分たちの航海をスペイン国王は喜ぶに違いないと説得し、総督を含めた反対派を押し切った。

1526年5月、ピサロとアルマグロは2隻の船に160名を乗せてパナマを出港し、南米大陸西側の沿岸を南下した。しかし、ピサロの遠征にすべて参加し、彼の秘書であったフランシスコ・デ・ヘレスの記録『ペルーおよびクスコ地方に関する真実の報告』(1534年)によれば、飢えと寒さに苦しむ旅であり、結局のところ3年経っても上陸拠点となる良い土地を発見できなかった[13]。

アルマグロは食糧と馬を補給するため、今度も途中でパナマに戻らねばならなかった。ピサロはコロンビアのサン・フアン川にとどまり、アルマグロが戻る間、バルトロメ・ルイスを水先案内とする小船の先遣隊を南下させた。ルイスは赤道を越えてペルー北部海岸まで船を進め、その地で金銀の豊富にある集落をみつけた。ルイスの情報にピサロは喜んだ。1527年6月2日付で、ピサロはペドラリアスの後任のパナマ総督ペドロ・デ・ロス・リオスに書簡を送っている。ピサロは文字が書けなかったため、部下に口述筆記させたもので、この書簡の中で「南方に偉大な国」があることを確認したと報告している[14]。

アルマグロの船が戻ると、一行はサン・フアン川を越え、遠征を再開した。逆風と北上する強いペルー海流に立ち向かいながら南下を続ける航海は、風が収まると沿岸をゆっくり進み、何度も上陸しては食糧を調達するという厳しいものであった。ようやくエクアドル北部海岸のサン・マテオ湾まで南下し、海岸線の村落で当時ラカメスと呼ばれていた地

（現・アタカメス）にたどり着いた。北緯2度という赤道直下である。

しかし、ラカメスで1万人以上のインディオ兵士が、ピサロ一行の姿をみるなり戦闘態勢に入った。勝ち目はないと悟ったピサロは、和平を請うて戦闘を回避した。たしかにアタメカスは食糧が豊富にあり、インカ帝国の支配下にあるこの地の生活は整備されていた。とはいえ、インディオの戦力に立ち向かえない以上、陸地を通り抜けてペルーに行くことはできない。ピサロはエクアドルの陸地を離れ、サン・マテオ湾内のガリョ島に撤退した。

物資や隊員を増強する必要があったため、ピサロとわずかに十数名の隊員を残し、アルマグロは再びパナマに戻ることにした。ピサロがごくわずかな隊員と島にとどまった理由は、アルマグロとともにピサロも帰国したとするとパナマ総督は二度と出港を許可しなくなるとの懸念があったからだ。

ピサロの意志は固かっ

図1-2　フランシスコ・ピサロの第1回、第2回の遠征

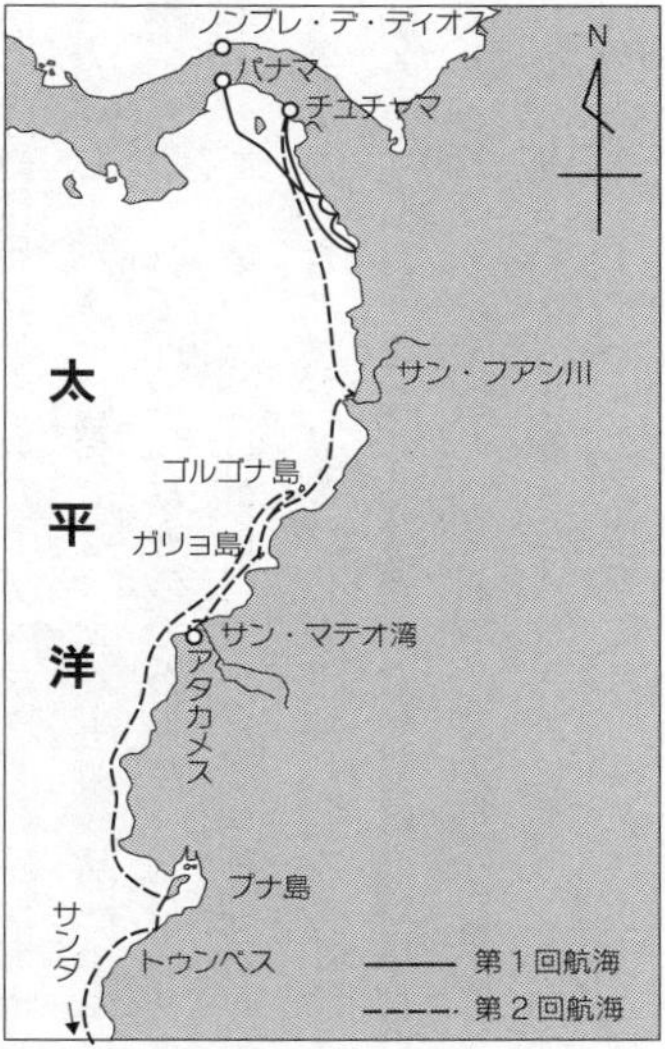

出典：ヘレス『真実の報告』p.447

たものの、隊員は疲弊していた。アルマグロの船がパナマに着くと、兵士からの窮状を訴える手紙が新しくパナマ総督となったペドロ・デ・ロス・リオスに届けられた。綿の糸玉の中に密かに隠されて運ばれたものであった。総督のリオスは当初、アルマグロの再出発を認めようとしなかった。しかし、アルマグロと神父のルケはピサロを置き去りにしていいのかと詰め寄ったため、リオスはピサロ一行を救出するとの名目で、しぶしぶアルマグロの出帆を許可した。ただし、帰還したい隊員の意思は尊重するようにと指示し、ピサロの遠征も6カ月と期限を切り、それ以降は遠征を諦めるようにと釘を刺した[15]。

ピサロはガリョ島から小船でゴルゴナ島に渡り、この地で5カ月間、アルマグロの到着を待った。絶えずインディオの襲撃にさらされ、食糧が尽きて餓死寸前の状況となり、カヌーを漕いでパナマに戻ろうと決心したまさにその時、アルマグロが戻ってきたのであった。苦境にあってもピサロはペルー征服の意欲に溢れており、アルマグロが合流するなり、再び船を南へと前進させた。500キロメートル以上太平洋東岸を南に下り、1528年4月にペルー北部のトゥンベスに上陸している。トゥンベス周辺の村落には、それまでとは比較にならないほど大量の金銀があった。ピサロらが強い関心を示すと、インディオは気前よく遠征隊員に金銀を差し出したという[16]。

ピサロはインカ帝国が黄金に満ちていることを確信したものの、パナマ総督が示した期限が近づいていた。やむなく一行は帰路につき、1528年5月末にパナマに戻った。第

1回遠征と合わせると300名近い隊員が飢えと病気で死んでいる。かくして、第2回遠征でインカ帝国に大量の黄金がある確固たる証拠を得ることができたものの、第1回遠征と同じく帝国の征服という目的は果たせなかった。[17][18][19]

母国スペインに戻り、国王の支援を得る

ピサロとアルマグロはパナマに生還したとはいえ、二度の遠征で巨額の負債を抱えてしまう。ピサロは、それまで当地では有力者であったにもかかわらず、資金が枯渇し生活すら立ち行かなくなった。このため、故郷のセビリアに帰国して捲土重来を期すことにした。スペインに帰国するための旅費1000カスティリアーノも他人からの借金で工面したという。

セビリアに戻るとピサロはスペイン国王に謁見し、トゥンベスで得た金銀の数珠で飾った帯をみせつつペルー征服の意義を力説した。国王に対して、遠征のための資金援助だけでなく、この地を征服した場合にピサロとアルマグロには統治権を、そして神父のルケには司教職を求めた。

1529年7月28日、スペイン王室とピサロの間でペルー征服についての協定が締結された。王室はピサロにペルーにおける総督とアデランタード（先遣総督）の地位を与え、経費の援助も行った。その代わりペルー征服時の財宝については、王室は5分の1税を得

るという条件がつけられた。

さらに、ピサロは王室から、２５０名以上の遠征隊員をスペイン国内で集めるよう指示を受けた。このため、ピサロは故郷のエストレマドゥーラ州のトルヒーリョまで戻り、親戚だけでなく一般人にまで隊員の募集を行った。この時に15歳であったピサロの従弟のペドロ・ピサロは遠征隊に志願した。ペドロはピサロによるインカ帝国の実質的な最後の皇帝であるアタワルパの捕囚を目撃し、およそ40年後の１５７１年に記憶をたどって書いた『ピルー王国の発見と征服』の中で、この劇的な場面を詳細に記すことになる。

ピサロはスペインで募集した遠征隊員に、コロンビアのティエラ・フィルメで集めた者を加え、１５３１年1月20日に３隻の船でパナマ港を出港した。乗船した隊員や騎兵の数は記録によって異なっている。ヘレスの『ペルーおよびクスコ地方征服に関する真実の報告』では１８０名と37頭の馬とあり、ペドロ・ピサロの『ピルー王国の発見と征服』にはおよそ２００名と書かれている。また、著者不詳の『ペルー征服記』（１５３４年）では、２５０名の隊員でその中の80名が騎兵と記述されている。[20][21][22]

三度目の遠征は極めて順調な航海であった。それまでに船の南下を妨げた北に向かう強風は吹かず、平穏な気象条件のうちに13日間でサン・マテオ湾に到着することができた。第1回の遠征では70日経って現在のエクアドル領にようやく到達し、第２回の遠征ではサン・マテオ湾までたどり着くのに２年間を要し、帰国直前の１５２８年４月にようやく到着していた。なぜ、三度目の遠征はわずかな日数でペルー沿海を南下することができたのか。強い流れで北上するペルー海流がこの時に限ってなぜ弱かったのか。1531年は強いエルニーニョの年であった。

3　エルニーニョが影響を及ぼす南米大陸西岸の気候

ペルー沖での海面水温が低いもう一つの理由

フンボルトが『新大陸赤道地方紀行』に書いたペルー沖での低い海面水温の理由には、南太平洋の東側を北上する冷たいペルー海流だけではなく、もう一つある。海洋下層から冷たい海水が海面近くまで湧き上がっているのである。これを湧昇という。湧昇には二種類あり、岸から沖に向かう流れがもたらすものを沿岸湧昇、赤道付近を吹く貿易風によって西に運ばれる海面水を補うように海洋中層から海面近くに海水が昇ってくるものを赤道湧昇という。

沿岸湧昇による下層からの冷たい海水は栄養塩を豊富に含んでいるため、プランクトンの生長が促進される。このプランクトンを求めて多くの魚が集まってくる。沿岸湧昇の効果により魚が集まってくる海域は、ペルー沖だけでなくカリフォルニア沖も同様でともに豊かな漁場としても有名だ。[23]

海水は日射で暖められる海面付近でもっとも水温が高く、低層に向かうほど低くなっていく。垂直方向への温度変化は海面近くの上層では深度とともに下がっていくものの、ある深度より下層では水温はほとんど変わらなくなる。この境界よりも上層は、水温躍層と呼ばれる。水温躍層はどのような海にも存在するが、その厚さは違う。太平洋西側の赤道付近の海域では貿易風によって温かい上層の海水が流入するため、水温20度以上の層は150メートルから200メートルと厚く、太平洋東側の南米大陸近くの西経90度ではこの層はおよそ20メートルから80メートルと薄い。[24]

このようにペルー沖の海では、コリオリの力によって南極方向から冷たい寒流が流れこむだけでなく、海面に近い浅い深度まで下層の冷たい海水が湧き上がっている。このため、ペルー沖の海面水温は、太平洋西側の同じ緯度帯と比べて5度から7度低い。特に、南半球の冬に当たる8月から9月にかけて沿岸湧昇が活発となり、海面水温はもっとも低くなる。[25]

エルニーニョがもたらす気象現象

ところが、およそ3年から7年に一度といった頻度で、太平洋東側の熱帯域の海面水温が温かい時がある。通常の年であれば、ペルー沿海で南半球の初夏に当たる12月から夏が終わる3月にかけて日射により海面水温は上昇し、平年においてもペルー海流は弱くなり沿岸湧昇も活発でなくなる。

スペインからの移民者の子孫であるペルー沿岸の漁師たちは、毎年12月に入って海面水温が高くなる現象をエルニーニョと呼んだ。12月に生まれた「神の子」イエス・キリストというのが名前の由来である。これに対し、ペルー沿岸の海面水温が4月になっても下がらない年がある。温かい海水が太平洋の東側に居座る状況が発生するのだ。

エルニーニョという言葉は、もともとはペルー沿岸の海面水温の季節ごとの変化を意味していたのだが、これに加えて平年の季節変化と異なり、数年おきに海面水温が高温のまま長期間持続する現象を指すようになった。厳密に区分けする場合、気象庁では前者を「エルニーニョ」、後者を「エルニーニョ現象」としている。ただし、一般的な報道だけでなく、欧米の学術論文でも双方をエルニーニョと呼ぶ場合が少なくない（「はじめに」著者注参照）。

通常の年であればペルー沿岸の11月の月平均の海面水温は17度から18度程度であるのに対し、エルニーニョの発生時には20度近くになる。わずか2度から3度高くなるだけだが、このわずかな海面水温の上昇が南米大陸西側の局地気象を激変させ、ひいては全世界の気候に大きな影響を及ぼす。

数年おきに起きる海面水温の高温偏差について、いつ頃からエルニーニョという言葉が定着したかははっきりしない。スペインの征服者《コンキスタドール》は、エルニーニョが発生する年を「豪雨の年」と記録していた。イエズス会のペルー管区長であったホセ・デ・アコスタは、1590年に出版した『新大陸自然文化史』の中で、ペルー海岸沿いの低地に当たるコスタ地方は、通常は乾燥しているものの、赤道方向からの暖かい北風が吹くことがあり、乾燥した年が続いた後で多雨の年が訪れるとし、数年おきにエルニーニョが発生する現象を正確に紹介している。彼は、多雨の年がペルー沿岸でよく起きる地震と関係があるのではないかとの見解を示した[26]。

19世紀後半になると、グアヤキル湾からペルー北部に流れる海水の気温の季節変動についての科学的論文が書かれるようになる。1891年にペルー北部ピウラ州を襲った豪雨と洪水の原因に注目が集まった。この年にリマ地理学会会長のルイス・カリリョが学会会報の中で、ペルー沿岸の海流が反対方向に流れることに注目している。

そして、1893年に船長であったカミーヨ・カランザはペルー海流の流れを詳細に観測し、エルニーニョの年に生じるいつもと反対の海流について、ペルー北部のパイタの漁師が使っていた言葉をそのまま紹介し、「エルニーニョの年の逆流」と名づけた。1894年にヴィクトル・エグイグレンは、1891年の豪雨について歴史的文献と併せて検証し、エルニーニョの年の海流の変化によって集中豪雨が発生すると報告した。そして、翌年の1895年にロンドンで開催された第6回国際地理学会において、フェデリコ・

ペゼがそれまでの研究成果の要約を発表したことで、エルニーニョというペルーのコスタ地方でのローカルな現象が、世界的に知られるようになった[27][28]。

南米大陸西岸のチリからコロンビアにかけて気候が乾燥し、海岸砂漠が南北に広がっているのは、沿海を流れる寒流のためだ。海面水温の低い寒流によって大気下層が冷やされると、大気の状態は上層が暖かく下層が冷たいという安定したものになるため、雲を発生させ降水をもたらす対流活動があまり発生しない。この結果、コスタ地方では通常は雨が降らず砂漠が広がっている。

ところが、エルニーニョが発生すると大気下層が海面水温の高い海水によって暖められるため、今度は大気が不安定になる。積雲対流が活発化し、海岸砂漠があった地に集中豪雨を発生させる。征服者《コンキスタドール》が「豪雨の年」と記したように、エルニーニョの年になると海面水温や海流の向きだけでなく、コスタ地方の降水量まで変わってしまうのだ。

過去のエルニーニョの発生年を探る

太平洋東側のペルー沖の海面水温が継続的に観測されはじめたのは、20世紀に入ってからである。気象庁のHPでは、エルニーニョ監視海域での1949年以降の海面水温について、30年平均値からの偏差についてデータを提供している。

19世紀より前となると、クックやフンボルトの探検隊が海面水温を観測してはいるものの、通常年との偏差を確認するための連続した記録は残っていない。よってエルニーニョの発生の有無について、観測データにより定量的に知ることは不可能である。しかし、南米大陸西岸の海岸地方で豪雨や洪水の記録を調べていけば、その年にエルニーニョが発生したのではないかとの推定は成り立つ。

南米大陸先住民のインディオの記録や伝承の中には、豪雨や洪水といった話は残っていない。しかし、16世紀初め以降、スペインからの征服者《コンキスタドール》や移民者たちは国王に報告するため、新大陸の風土や文化などの細かい記録を残している。オレゴン州立大学の海洋学教授であるウィリアム・H・クィンは、１９８７年に彼らの残した気象についての報告をもとに、16世紀以降のエルニーニョの発生年について年表をまとめた[29]（表１－１）。

この年表の冒頭二つのエルニーニョは、ヘレスの記録『ペルーおよびクスコ地方征服に関する真実の報告』を根拠にしている。１５２５年から１５２６年もエルニーニョが発生した可能性があるとしているが、これは第2回遠征の終わりにサン・マテオ湾まで南下することができたこと、またヘレス書の中に沿岸はどこも水浸しと集中豪雨があったことを思わせる記述があることによる。二番目の１５３１年に始まるエルニーニョが、ピサロの第3回遠征時のものだ。

ピサロの第3回遠征がエルニーニョの年であったこととの発見は、クィン論文が初出ではない。１８９５年に米国人の地理学者A・F・シアーズは１８９１年のエルニーニョの影響を報告する中でピサロの遠征にも触れており、第3回遠征時の南下は容易であっただろうと述べている[30]。

表1-1　スペインの征服者（コンキスタドール）の記録から推定するエルニーニョ発生年

エルニーニョ発生年	強さ	信頼度
1525-1526	S	3
1531-1532	S	4
1539-1541	M/S	3
1552	S	4
1567-1568	S+	5
1574	S	4
1578	VS	5
1591-1592	S	2
1607	S	5
1614	S	5
1618-1619	S	4
1624	S+	4
1634	S	4
1652	S+	4
1660	S	3
1671	S	3
1681	S	3
1687-1688	S+	4

S=強い、VS=非常に強い、M/S=強い～並

注：1525年から1688年までを掲載しているが、原論文では1983年までがリストに掲載されている。

出典：Quinn, William H., Vicor T. Neal (1987)：El Niño Occurrences over the past four and a half centuries. Journal of Geophysical Research, 92 (14) pp.449-461

4 「神の子」がもたらした幸運

豪雨と川の氾濫の中での第3回遠征（1531年〜1541年）

ピサロの第3回遠征隊は、エルニーニョに導かれて13日間という短期間でサン・マテオ湾に到着することができた。しかし、その後の足取りは遅かった。海岸沿いにアタカメス、コアケという町を経て、エクアドルのグアヤキル湾内にあるプナ島に到着した後、プナ島で4カ月から5カ月間休息を取っている。ヘレスは、ピサロが水の出る時期に進軍すると大損害が出ると考えたからだと記している。

年が明けて1532年の春、彼らはプナ島での先住民の攻撃を撃退した後、海を渡ってトゥンベスに上陸する。この地でも大量の水に悩まされた。バルサ船で渡河しようとすると、全員が渡り切るまでに朝から夕刻までかかったとある。一次史料である三つの記録には、トゥンベス上陸後にピサロがペルー奥地に入っていく過程で、川の氾濫の記述が至るところに書かれている。エルニーニョの年に特徴的に現れる、コスタ地方での集中豪雨によるものである[31][32][33]。

トゥンベスの地で、ピサロはインカ帝国の首都クスコについて先住民から話を聞いた。

「それは全土の君主の住む大きな都市であり、広い場所に人が住んでいて、たくさんの金銀の甕《かめ》があり、家々には金の板が張ってある」との内容で、ピサロの征服心は高まった。
1532年5月16日にピサロはトゥンベスを出発し、タンガララと呼ばれたインディオの町の近くに植民地サン・ミゲル市を建設した。聖ドミニコ派の神父を招き、スペイン国王直轄の役人の巡察を受けている。建設式を挙行し、市会議長、市会議員をはじめとする役職まで選出し、市政を行うための法律も制定された。[34]
そして、ピサロはサン・ミゲルの地で、インカ帝国で内戦が起きていたことを知った。11代皇帝のワイナ・カパックの死後、その後継を巡って異母兄弟のワスカルとアタワルパの間で争いが起きており、アタワルパの配下にある将軍がワスカルを破ったとの知らせを受けたのであった。[35]

インカ帝国の内戦――ワスカル対アタワルパ

ピサロがサン・ミゲルにたどり着く4年前、ワスカルとアタワルパの父である皇帝ワイナ・カパックは、キト滞在中にピサロの1526年から3年間に及んだ第2回遠征の情報を得ていた。30年以上にわたって皇帝位にあったワイナ・カパックは、キリスト教徒の服装、色白で髭を生やした容貌、さらには酒を好まないといった報告を興味深く受け、彼らを連れてくるように命じていた。ところが、20万人も死んだとされる伝染病が蔓延し、ワイナ・カパックも重体に陥ってしまう。

1527年、彼は死の床にあって正当な後継者としてワスカルを指名したものの、広大な全土を1人で統治するのは困難だろうと考え、いつも戦場をともにし、愛情を注いでいたアタワルパに現在のエクアドルの首都であるキト以北の帝国領を与えると遺言した。ワイナ・カパックはキトで没する間際に、「あの船に乗っていた奴らが、大軍とともに戻ってきて、この国を支配するだろう」と怪しげな予言を口にしたという。遺骸は帝都クスコに運ばれ、膨大な量の財宝、宝石、衣料とともに4000人以上の生贄が捧げられる盛大な葬式が行われた。

正当な後継者として皇帝に就任したワスカルは、慈悲深い性格もあって国民から敬愛された。一方のアタワルパは残忍で復讐を忘れないタイプであったが、長くワイナ・カパックに従軍していたことで将兵からの信頼を得ていた。ワスカルは、君主とその女兄弟の間に生まれた長男しか皇帝になれないという定めから、ワイナ・カパックの正妻コヤの息子たる自分が1人でインカ帝国を統治することを望んだ。アタワルパの地方統治権を認めず、将軍アトコがアタワルパをキトの地に幽閉したことで、いったんは内戦を治めたかにみえた。

ところがアタワルパは、潜り込んだ女が差し出した梃子《てこ》で牢獄に穴を開け、脱走に成功した。そして、キトで将兵を集め、ワスカルへの反抗を企てたのである。アタワルパはエクアドル中部のアンバトの戦闘でワスカル軍に勝利したことで形勢を逆転し、ワスカルが頼みとする将軍グァンカ・アウキを打ち破った。アタワルパ配下の将軍キスキスおよびルミニャウイはクスコを占領し、クスコ近郊のコタバンバ村でワスカルを捕らえた。アタワルパによる帝国統治は目前であり、彼はただクスコでの戴冠式を挙行し正統性を得ればよいだけであった。

およそ3年に及んだ内戦に勝利したアタワルパは、クスコに凱旋すべくペルー北部高原のワマチューコまで南下していた。この時、彼の耳にスペイン人がペルー北部の海岸沿いを訪れている話が入ったのである。インカ帝国では、現在のエクアドルからクスコに至る山沿いの街道とトゥンベスからナスカまでの海岸に近い街道の二つが設置され、飛脚による情報網が整備されていたのだ。飛脚は山道を1日200キロメートル走ったという。スペイン人の渡来を知ったアタワルパは進路を反転し、ワマチューコの50キロメートル北にあるカハマルカの温泉に滞在し、スペイン人たちの到来を待つことにした。[36][37]

カハマルカへの道

ピサロは1532年9月24日、カハマルカに向けて出発した。インカ帝国で起きていた内戦を大いに利用したようだ。ペドロ・ピサロの『ピルー王国の発見と征服』によれば、ピサロは土地の先住民に対して、自分はインカ帝国の正当な君主であるワスカルの側に立っており、彼を救援するとの布告を出した。[38]

カハマルカに向うに際して、二つの道があった。一つは高原ルートのクスコ道、もう一つは海岸ルートのチャンチャ道である。前者はコロンビアの南端のイピアレスから南下し、エクアドルのキト、ワンカバンバ、カハマルカ、ワマチューコを経てクスコに至る立派な街道で、6人の騎乗者が並んでも通行可能な仕様であった。後者はワイナ・カパックが整備したとされる道で、ところどころ石畳で舗装されており、2台の馬車が並んで通れる広さであったものの、砂漠地帯を通るゆえ砂に埋もれて進路がわからなくなる箇所があった。[39]

ピサロは先住民たちが高原ルートを推奨していたにもかかわらず、海岸ルートを通ってサーニャまで行き、そこから山道を登る道を選んだ。河川の氾濫が厳しくアンデス山麓への登りが困難であったためと考えられる。海岸ルートは砂漠地帯を通らねばならないとはいえ、宿場のある町をたどって前進した。[40]

とはいえ海岸ルートにおいても、サン・ミゲルを発してすぐに2隻のバルサで作った筏での渡河を強いられ、馬は泳いで渡らねばならなかった。続いてサランからモトゥペにかけての3日間は、乾燥した砂漠地帯となり村落も水もなかった。そして、シントまで来ると今度は大きな川が溢れていた。ピサロ一行は3本の浮橋を作って川を渡った。今度も馬は泳ぐしかなく、シントを渡河するだけで1日を要したとある。

やがて海岸ルートの分岐点のサーニャに着いた。ここから南に下れば、海岸線沿いにチャンチャに向かう。塀のある整備された街道に別れを告げ、山側の悪路を登ればアタワルパのいるカハマルカに至る。ピサロはアタワルパの軍隊を素通りしてクスコに行くことも可能であった。しかし、ピサロは兵士に対し、もし自分がアタワルパを避けるように行動するなら、彼はスペイン人に勇気がないと思い、高圧的な態度を取るに違いないと語った。[41]

11月10日、ピサロはカハマルカをめざして出発した。遠征隊に出会った先住民のインディオは、アタワルパに逐次報告を行っていた。アタワルパは、カハマルカに向かっているスペイン人が全部で190名しかおらず、騎兵はその半分にも満たない数であり、隊員は怠け者で常に恐怖に慄いている、との報告を受けていた。楽観視したアタワルパは、山道沿いに軍隊を配備し、迎え撃つことはしなかった。彼のもつ膨大な数の兵士をみれば、逃げ去るだろうと考えたのだ。[42]

11月15日、ピサロの遠征隊がカハマルカに到着した時、アタワルパは郊外の温泉地に8万人の兵士とともに陣営を張っていた。ピサロはエルナンド・ソトに20騎の兵と通訳を供につけ、アタワルパのもとに赴かせた。ソトは、「神の代理として教えを説き、友人になるためにやって来た」として友情と平和の意を伝え、会見に来るようにとのピサロの要請を伝えた。アタワルパはソトにピサロのいるカハマルカ市内に翌日出向くと約束した。そして、ピサロの遠征隊がここに来るまでにワイナ・カパックの整備した宿場の屋根をはがすなどの暴挙やインディオの物品の窃盗や強奪行為を許さないとして弁償を強く迫った。[43][44]アタワルパはその夜、2万人の兵に縄をもたせ、スペイン人の遠征隊の裏手で待ち伏せさせた。怖気づいて逃げた場合、ただちに襲いかかって縛り上げるよう命じていたのだ。

運命の会見——ピサロの幸運

かくして1532年11月16日、アタワルパとピサロの会見が実現した。ピサロの隊員は怖れ慄いていたが、ピサロ自身は冷静に騎兵を二つに分け、インディオを怖がらせるため馬に鈴をつけるといった工夫をした。ピサロは歩兵も二つの分隊に分け、一隊を弟のフワン・ピサロに任せ、もう一つを自分で指揮した。

アタワルパは、スペイン人が全員、恐怖心で家屋から出てこないのを知ると、ゆっくりと朝食を摂ることにし、兵士全員もこれにならった。インカの軍勢は食事を終えると、市内に向かって進軍を開始した。アタワルパは輿《こし》に乗り、同じく輿に乗ったチンチャの首長を従えていた。温泉の出る逗留地からカハマルカの市内まで、わずか2・8キロメートルの距離をインディオの住民を両側にかき分けるようにゆっくりと進んでいった。

アタワルパが市内の広場まで来ると、ピサロはクスコの初代司教となるビンセンテ・デ・バルベルデをアタワルパのもとに出向かせた。神父が通訳とともにアタワルパの輿に近づき祈祷書を読むと、アタワルパはその祈祷書をよこせと声高に求めた。アタワルパは祈祷書を手にしたものの開き方がわからず、祈祷書そのものが何の声も発しないので地面に投げ棄てた。この瞬間、神父のバルベルデはアタワルパが神を冒涜したと憤り、彼を殺すよう護衛の兵に命じた。アタワルパもスペイン人が道中で犯した窃盗を非難し、すべてを返還するよう強く言い返した。

大混乱の中、ピサロは多くの兵士が担ぐ輿に向けて突撃を開始した。大砲が大音響を上げ、ラッパが鳴り、鈴の音が揺れる馬が走った。インディオの大軍勢は、スペイン人の攻撃に驚愕し、多くは離散してしまった。

アタワルパらの二つの輿を担ぐ兵士はピサロらに対抗するための武器をもっていなかった。暗殺を恐れた皇帝は彼らに対して武器の携行を許さなかったからである。インカ帝国の兵士はひらすら輿を担ぎ続けた。征服者《コンキスタドール》の歩兵2隊のうち、フワン・ピサロはチンチャの首長に襲いかかり、たちまち刺殺した。アタワルパの輿の場合、ピサロの隊員が輿を担ぐインディオを何人殺しても、すぐに別の者が入れ替わるように輿の下に入ったので、なかなか引きずり降ろすことができなかった。輿の上の人物がアタワルパであることを察したピサロは、殺さずに生け捕るようにとしろと叫んだ。7、8人のスペイン兵が集まり、輿の一方を傾けたため、ようやくアタワルパは転がり落ち、遠征隊の手に落ちたのであった。戦闘は2時間に及んだという。[45][46][47]

アタワルパを掌中に収めたことで、ピサロはやりたい放題を尽くすことになる。アタワ

図1-3 フランシスコ・ピサロの第3回遠征

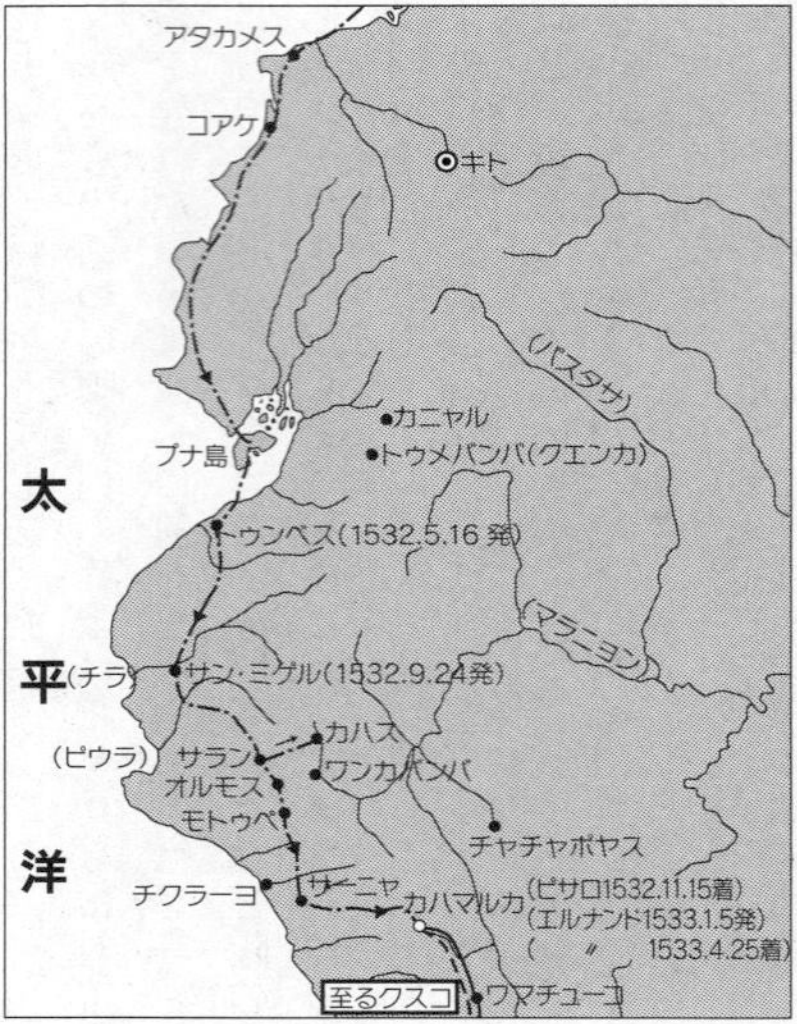

出典：ヘレス『真実の報告』p.459

ルパから身代金として縦6・2メートル、横11・8メートル、高さ4・8メートルの部屋を満たす量の金を差し出させ、さらに銀の場合その部屋の容量の2倍を奪った。金銀を得てもアタワルパを釈放せず、インカ軍の反抗を抑えるための人質としてクスコまで連れて行った。[48]

アタワルパの配下によって捕らえられていたワスカルは、アタワルパが人質になったことを知るとピサロに取引を持ち込んだ。自分こそ正統な皇帝であり、自分を保釈すればアタワルパよりも多くの金銀を払おう申し出たのである。

ところが、ピサロはワスカルの提案をアタワルパに密告し、怒ったアタワルパは幽閉中ながら部下に命じてワスカルを殺害してしまう。ピサロにとってみれば、アタワルパを利用して不安要素を消したのであり、さらに後にアタワルパを処刑する際に、罪状の一つとしてワスカル殺害を挙げた[49]。

一方、アタワルパを捕囚したとの知らせを聞いたアルマグロは、6隻の船に150人のスペイン人を乗せてピサロを追いかけた。うち3隻はパナマで建造された大型船であった。ピサロとアルマグロはカハマルカで合流した。そして、アタワルパの身代金だけでなく、クスコにあるインカ帝国の神殿に張りつけられていた金を剥ぎ取り、先住民の住居にまで押し入って金製品を奪い、これらを溶解し金塊に変えてスペインに送ったのであった[50]。

それにしても、ピサロにとって実に都合のいい時期にエルニーニョがやって来たものだ。第1回遠征時にエルニーニョの年があれば、たしかに南米大陸西岸を南下することは容易であったかもしれない。第2回遠征では最後になってエルニーニョの環境になったものの時すでに遅く、パナマ総督から帰国命令が出ていた。あるいはエルニーニョ発生時期が合致してペルー北部に上陸できたとしても、1520年代であれば、皇帝として巨大な王力をもち経験豊富なワイナ・カパックは、ピサロ一行の前に無防備な姿で現れることはなかったのではないか。

アタワルパの場合、ワスカルとの戦闘に勝利したとはいえ、クスコでの戴冠前であり、正式な皇帝には就任していなかった。アタワルパはインカ帝国の人々に対し、あらゆる場面で自分自身が勇気ある人間であることを示す必要があったのである。

アタワルパは自信過剰であったかもしれないが、無力でも無知でもなかった。ワスカルとの内戦に勝利した直後であり、8万人もの兵力とともにあった。だからこそ、彼はピサロと会うためにわざわざカハマルカまで戻ってきたのだ。そして、トゥンベスに上陸して以降のピサロの行動も正確に把握しており、会見に際してピサロに対し壊した町の修復を迫った。アタワルパは大軍をみれば、ピサロのわずかな数の隊員は怖気づくと考えた。実際にそうだった。しかし、カハマルカの会見での聖書をめぐる偶発的な出来事により、ピサロは狂気に満ちた行動を起こし、アタワルパを生け捕りにすることに成功したのだ。

ピサロはワスカルとアタワルパの確執を最大限に利用した。カハマルカでの会見前から、ピサロは街道沿いに告知版を立てて、ワスカルの支持層に甘言を弄した。会見後にカハマルカからクスコに入るに際して、アタワルパを捕縛していることでクスコにいるワスカル側の人々を大いに喜ばせ、彼らから偉大な神ディィシベラコチャに遣わされた偉人だと讃えられたという。そして、ワスカル暗殺の犯人としてアタワルパを処刑している[51]。それもこれも1527年にワイナ・カパックが伝染病で急死し、2人の異母兄弟の王権争いがあったことに由来する

フランシスコ・ピサロが黄金郷《エルドラド》への執念として、ペルーを征服しようとする強い意志を抱いていたからこそ、彼のもとに幸運が転がり込んだのは間違いないだろう。しかし、何

とタイミングがいいことか。征服者《コンキスタドール》にとって、「神の子」エルニーニョが幸運をもたらしたこともまた事実である。

第2章

イースター島の先住民はどこから来たのか

「夢の中で、私の魂は太陽の昇る方向に飛び、
七つの島を巡った後に、
移住に適した八番目の島を見た」
――ヒヴァ島の有力者、ハウ・マカ

1 ヘイエルダールの夢と冒険

南米大陸に残る伝承

フランシスコ・ピサロの従弟のペドロ・ピサロは、第3回遠征でピサロの側近として従軍し、カハマルカでのアタワルパとの会見からクスコ制圧まで、インカ帝国の実質的な滅亡を目の当たりにした。1541年にインカ帝国の支配を巡るフランシスコとアルマグロとの内戦により両者がともに殺害されて以降も、ペドロは1554年までペルーにとどまり、先住民の貴重な伝承を収集した。

ペドロ・ピサロがスペイン帰国後に書いた『ピルー王国の発見と征服』には、太平洋に広がる島々に関する記述がある。ペルーのイロという町の有力者ポラが語った話として、昔は島々の住民と南米大陸の住民の間に交流があったという。沖合を北上する海流が川の流れのように強い時はとても渡ることはできないが、時期を選べば島まで船で渡ることができたのだと。つまり、かつては島民と陸地の住民との間で頻繁な通商が行われていた、と記されている。[1]

また、スペインのガリシア県ポンテヴェドラ出身とされるペドロ・サムエント・ガンボア（1532－1602）の『インカ史』（1572年）にも興味深い記録がある。ガンボアは、1550年代から20年以上にわたりペルーに滞在し、第5代ペルー総督フランシスコ・デ・トレドの委託により、1572年にインディオから集めた伝説を『インカ史』としてまとめた。先住民の中に伝わっていたインカ帝国の歴代皇帝の歴史を綴ったもので、ワスカルとアタワルパの祖父に当たる皇帝トゥパック・インカ・ユパンキによる外洋航海について綴られている。

トゥパック・インカ・ユパンキは1471年に父帝を引き継ぐ形で第10代皇帝になって以来、ペルー北部海岸沿いに残るチムー王国制圧に力を入れていた。海岸に沿って進軍し、プナ島からトゥンベスに到着すると、西方向からバルサ船でやって来たという商人が訪れた。彼らはユパンキに対して、島にはたくさんの人が住み、黄金に満ちていると伝えている。ニナ・チュンピ（炎の島）、ハフア・チュンピ（離島）と島には名前もついていた。トゥパック・インカ・ユパンキは新たな征服心に燃えて船出を決心した。

1480年頃、膨大な数のバルサ船を建造し、2万人の選ばれた兵士とともに航海に出た。太平洋へと10カ月間、あるいは1年に及んだという。トゥパック・インカ・ユパンキは商人が語った二つの島を発見し、住民を船に乗せ、さらに島にあった黄金、真鍮製の椅子、そして馬の顎の骨を持ち帰ったという。今日、この2島とはガラパゴス島ではないかと想定されている[2]。

ペドロ・ピサロがイロで聞いた話も、ガンボアがまとめた伝承も、学術的に検証されたものではない。ペルーの先住民たちはたしかにバルサ船を操ったであろうが、沿岸を渡るために使用された程度であり、外洋に繰り出すほどの技術も野心もなかったとされている。たしかに、イロの有力者であるポラが畏怖したように、流れの強いペルー海流を横切らねば、太平洋東側にある島々へと西進するコースはたどれない。

とはいえ、もし海流を越えてしまえば、あとは偏東風に乗って南太平洋亜熱帯循環の縁を回るようにして南太平洋の島々に流れ着くことは容易かもしれない。冒険心に溢れたノルウェーの若き青年は、こうした考え方にとらわれていった。

ノルウェーの青年が抱いた南太平洋への憧憬

ノルウェー南部のフィヨルド入り口にある港町ラルビクで生まれたトール・ヘイエルダール（1914－2002）は、オスロ大学で動物学と地理学を専攻しながら、太平洋のポリネシア文化に対する関心を深めていた。彼は高校生のころから機械文明に対して反発するようになり、「自然に還れ」というジャン・ジャック・ルソーの思想に傾倒していった。後年、彼はもし1960年代の米国の若者として生まれていたら、おそらくヒッピーになっていただろうと語っている。

ヘイエルダールは、結婚したばかりの妻リブとともに1937年にタヒチ島から北東1500キロメートルにあるマルケサス諸島を訪れ、1年半ほど滞在した。彼は島での体験の中で、諸島の南端にあるファツ・ヒバ島の奥地で出会ったテイ・テツアといわれる老人に大いに魅了された。地元の人によれば、テイ・テツアは「過去の人間の最後の人」といわれ、腰に粗末な布を巻きつけただけの姿で、野生ヤギのように山野を駆け巡り、ノブタを狩猟し、果物を収集して生活していた。ヘイエルダールがテイ・テツアに祖先はどこから来たのかと尋ねると、彼は「テ・フェティ（東）から」と答え、太陽の昇る水平線の方向を顎でしゃくった。ヘイエルダールは衝撃を受けた。当時、考古学者は言語の類似性から、ポリネシア人とはアジアから渡来した人々であろうと考えていたからだ。にもかかわらず、ファツ・ヒバ島の老人は反対の方向を示したのである。その方向には南米大陸しかなかった。ヘイエルダールが南米大陸先住民のイースター島移住説に取り憑かれたのは、この時からだ[3]。

テイ・テツアの言葉ばかりではなかった。南米大陸西側には、インカ族が王国を築く以前に「白い皮膚と長い顎鬚」をもった人々がおり、彼らはインカ族から逃げるように船で太平洋の島々に移民したとの伝承が残っている。彼らこそポリネシア諸島の祖先かもしれない、とヘイエルダールは想像した。

さらにヘイエルダールは、1722年4月5日の復活祭の日にオランダ人のヤコブ・ロッヘフェーンがヨーロッパ人として初めてイースター島を発見した際に、島の住民を「白人」と間違えたと記された記録にも注目した。これは、イースター島の人々の身体的特徴が黄金褐色の肌と漆黒の髪をもち、鼻の低いポリネシア人と違っていたことを意味するのではないか。先住民たちは自らの祖先は褐色人種であったのに対し、中には白色人種もいたと語っており、東からやって来た人々は《長耳彦》という名前を与えられていたと伝えられていた。《長耳彦》は後から島に渡来した《短耳彦》に殺されたという。長い耳をもつイースター島の神秘的なモアイ像は、《長耳彦》が築き上げたものではないか。南米大陸の遺跡との類似性があるかもしれない。一体、イースター島の人々の祖先はどこからやって来たのか。ヘイエルダールは神秘的な白人伝説を頭に浮かべながら、自分の仮説を膨らませていった[4]。

ヘイエルダールの仮説に対して、専門家は冷淡であった。当時、ポリネシア人の文化は各島で独立していたと考えられていたのである。しかし、ヘイエルダールはファツ・ヒバ島東側の海岸線に立った時に、貿易風が吹き寄せていたのが忘れられなかった。ペルー海流に乗れば、南米大陸からこの島まで7000キロメートルあまりを漂流しながらたどり着くことができるのではないか。けれども、専門家たちは南米大陸の先住民が使っていたバルサ材の筏では水が浸み込むため長い航海には耐えられないだろうと、ヘイエルダールの話を一笑に付すばかりであった[5]。

『コン・ティキ号探検記』

第2次世界大戦が終わると、ヘイエルダールはニューヨークを訪れ、書いたばかりの論文「ポリネシアとアメリカ、先史時代の諸関係の研究」を携えて博物館を回り、自説の支持者を探した。専門家のほとんどは相変わらず冷淡であったが、フレッド・オルセン航路で長く支配人の地位にあった者から、ペルー海流に乗れば理論的には実現可能であり、理想的状態であれば97日でペルーの海岸からツアモス諸島まで行くことは可能だろうとの感想を得た。

自信をもったヘイエルダールは、募集した5人の乗組員とともに南米に向かった。5人とは、古くからの友人である商船学校出の画家エリック・ヘッセルベルク、戦時中のレジスタンス仲間のクヌート・ハウツラント、無線技師のトールシュタイン・ラービー、ニューヨーク滞在中に船員宿舎で知り合った若い技師のヘルマン・ワッツィンガー、そしてスウェーデンの民族学者でヘイエルダールの移民学説に興味をもったベンクト・ダニエルソンである。

エクアドル沿岸のジャングルから筏に用いるバルサ12本を伐り出し、ワッツィンガーが建造の監督を行った。しぶき除けのへさきを低くした以外は、すべてペルーやエクアドルでかつて普及していた筏を複製したという。筏の名前はスペイン人征服前のインカ帝国で伝わっていた太陽神アブ・コン・ティキ・ビラコチャの名前にちなんでつけた。ビラコチャは長い顎鬚をもった白人であり、およそ1500年前にペルーから西方の広がる海に消えていったとされる人物だ。

1947年4月28日、コン・ティキ号はペルーのカヤオ港から、ペルー海軍の引船グァルディアン・リオスに曳航される形で出港した。当日はペルーの海軍大臣が漁港に出向き、「沿岸航路の外の、大昔にインディオが筏に乗ってよく釣りをしていたところで筏を離すように」との指示を出した。見送る人でカヤオの港は大騒ぎであった。

コン・ティキ号は沿岸から80キロメートルほど離れた海域で引船から切り離され、以後、南東貿易風に沿う南太平洋熱帯循環の海流に身を任せた。現代社会とコン・ティキ号の乗組員を結びつけるものは無線機だけとなった。

5月19日頃、南赤道海流に乗り西方向へと進路を変え、順調にファツ・ヒバ島のある方向に進んでいたものの、7月17日に吹いた北東風のために西南西へと高緯度側に向きを変えてしまう。7月21日には西風が弱まり、タクメ環礁とラロイア環礁へと向かい、8月7日にラロイア環礁で座礁した。ヘイエルダールは目的地のイースター島に到着することはできなかったものの、南米大陸西岸から南太平洋に浮かぶ島々まで西に向かって筏で漂流することは可能だと、自らの冒険で示したのであった。

ヘイエルダールら6人がチャーター機でタヒチに着くなり、冒険成功の報道が世界中を駆け巡った。コン・ティキ号の漂流は映画『Kon－Tiki』となり、1951年にアカデミー賞長編ドキュメンタリー映画賞を受賞した。漂流した距離はペルーからイースター島までの2倍はあることから、ヘイエルダールはペルー海岸のもっと南側から出発し弱い海流に乗れば、南米大陸からイースター島に向かうことも可能だと自信をもって発言した[6][7]（図2－1）。

ヘイエルダールへの科学的評価

とはいえ、ヘイエルダールの漂流実験は、冒険としての偉業は讃えられたものの学術的に認められるには至らなかった。彼は航海をするために背負った負債を支払うため、まずは大衆向けの書物や記事を書いたのだが、この順序はアカデミズムの反発を呼んだ。もっともらしい話ではあるが、科学的検証は不十分とされたのである[8]。

ヘイエルダールも、単なる漂流実験だけで南米大陸からの移民説が証明できたとは考えていなかった。『コン・ティキ号探検記』の末尾に追記する形で、「わたしの人種学説は、コン・ティキ遠征隊の成功だけでは、必ずしも証明されはしなかった。われわれが証明したことは、南米のバルサの筏が現代の科学者のこれまで知らなかった諸性能を持っているということと、太平洋諸島はペルーから出た先史時代の筏の到達範囲内に位置しているということであった」と控え目に語っている。

そして、ヘイエルダールは1955年から翌年にかけてノルウェー考古学調査隊を組み、

図2-1 コン・ティキ号の漂流経路（101日、6900キロメートル）

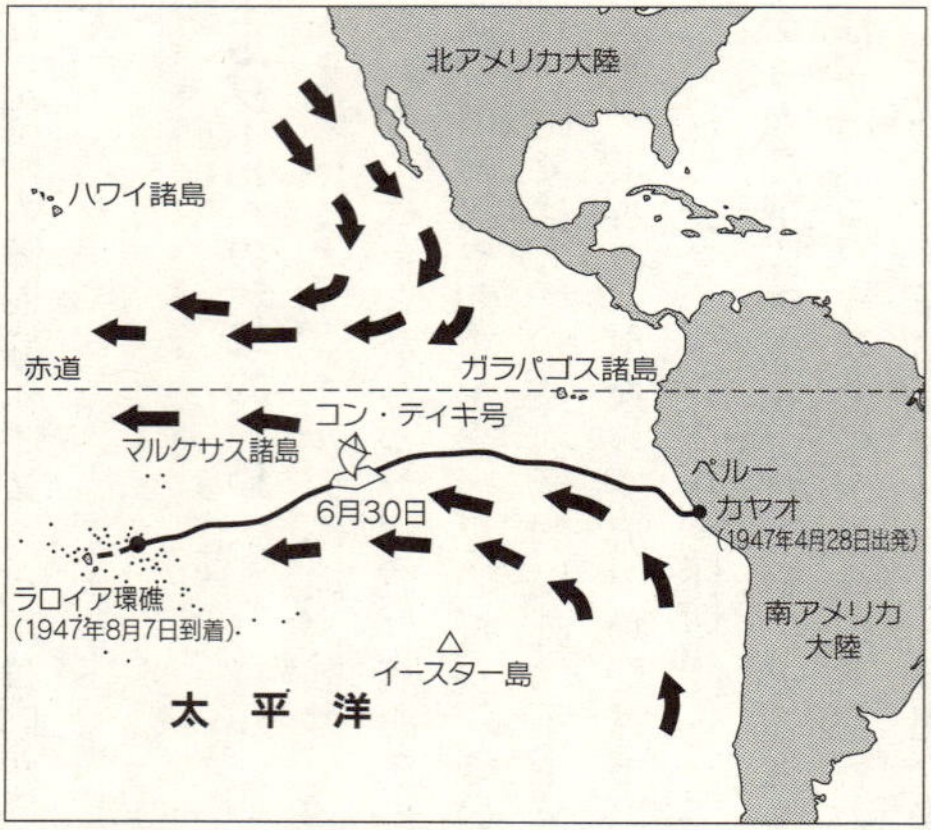

出典：The Kon-Tiki Museum（Oslo）HP

イースター島のモアイ像を中心とした学術調査を行った。１９３７年のマルケサス諸島以来、19年ぶりの南太平洋の島での長期滞在であり、前回と同じく妻を同伴している。ただし、大学時代にダンス・パーティーで知り合ったリブではなく、１９４９年に再婚したイヴォンヌであった。

調査隊は、地面に埋もれたモアイ像を発掘し、島に残る独自の文字であるロンゴロンゴ語で記載した木片を集め、島に残る伝承を聞いて回った。住居跡から遺物や人骨を収集するという一般的な調査も実施している。ヘイエルダールは、調査隊の活動を『アク・アク』というタイトルのドキュメンタリーにまとめ、真に迫る文体により『コン・ティキ号探検記』と同様に世界的なベストセラーとなった。滞在中にイースター島の文化は南米大陸由来であるとの考えは、彼の頭の中では確信となり、帰国後は学術論文の形を取った「太平洋のアメリカ・インディアンたち――コン・ティキ遠征隊の背後にある理論」をはじめとして、自説の科学的証明に力を注いだ。[9][10]

しかし、1960年代になると、ヘイエルダールの主張と異なる知見が明らかになってしまう。ヘイエルダールは、イースター島の巨石人像にある長い耳が南米から渡来した《長耳彦》の根拠であるとしたが、石を刻んだ長い耳のモアイ像はマルケサス諸島やオーストラル諸島の遺跡からも発見された。また、ポリネシア諸語はインドネシア語と近い関係にある一方、南米大陸のインディオ諸語とはまったく異なったものであった。南太平洋の考古学会の主流は、次第にイースター島はポリネシア人と密接に関わっていると考えるようになっていった。[11][12]

DNA分析が明らかにしたイースター島民の先祖

1980年代以降に普及された分子生物学を用いた遺伝子研究が、ヘイエルダールの仮説を打ちのめす決定打となる。このDNA分析に用いる人骨のサンプルについては、ヨーロッパ人が訪問して以降の島民の不幸な歴史から、慎重に選ぶ必要があった。

イースター島の住民は、ロッヘフェーンの発見以降、米国の捕鯨船員らによる虐殺や誘拐を受け続けた。1862年にペルーの奴隷商人が、島民の半分に当たる1000人をペルー沿岸の小島にあるグアノ採掘場で強制労働させるため拉致した。この時、カイマコワ王と息子マウラタをはじめとし、僧侶や学者といった知識階級の多くが連れ去られたため、イースター島の文化継承という点で決定的な災難となった。

肥料としてのグアノは、1802年にフンボルトが持ち帰ったサンプルにより、「グアノは聖者ではないが多くの奇跡をもたらす」とのペルー先住民の言い伝え通りの効果をもつことがわかっていた。窒素質グアノは水に溶けるため、そのまま肥料として用いることができた。

農業での利用に注目が集まったのは1838年になってからである。ペルーの実業家が英国のリバプールにあるマイヤーズ商会にサンプルを送ったことが契機となり、1840年から1841年にかけて8000トンが輸出された。この時、費用の3倍の値段で売り切ることができ莫大な利益が上がった。1842年になると、ペルー政府はロンドンのギップス商会と合同企業を設立し、その後の5年間のグアノ輸出の独占権を付与し、貿易を本格化させた。

堆肥と比較して効果が大きくかつ軽くて運搬が容易であることが知られるようになると、グアノは欧米各地へと急激に広まっていった。特に米国では西部での農地開拓において格好な肥料としてグアノの需要は高く、1844年から1851年にかけて6万6000トンが輸出された。1848年から1875年の間、ペルーの外貨獲得の過半をグアノ輸出が担っていた[13]。

しかし、採掘場の労働環境は劣悪であった。アンモニアの悪臭に満ち、呼吸困難になるような粉塵が立ち込める中で、海鳥の糞で固まった地面をシャベルで掘って一輪車で運び出す作業が続けられた。1日20時間近く無慈悲な監視員や獰猛な監視犬に見張られながら働かされ、手や足に怪我をするとたちまち敗血症にかかった。死亡した労働者は、露天掘りされた大きな穴に投げ込まれた[14]。

イースター島から連れ去られた島民は、半年間のうちにほとんどが死亡した。タヒチ司教テパノ・ジョッサンの嘆願により、採掘場に生き残っていた者およそ100人が島に戻る船に乗ることができた。しかし、85人は天然痘と結核により船内で死亡し、イースター島に帰還できたのはわずか15人にすぎなかった。そして、故郷の地を踏んだ15人も、島に伝染病をもたらし、島民は全体で600人以下へと激減してしまう。1870年になると、ジョッサンの勧めにより300人以上がタヒチ島に移住し、島民人口は111人に減少した。こうした歴史の経緯から、今日のイースター島の住民2000人のほとんどがチリからの移民者であり、島で生活している人々のDNAをサンプルにするわけにはいかなかったのである[15]。

英国人のヘイゲルベルクらは、1994年に科学雑誌《ネイチャー》に掲載された論文

「イースター島古代先住民からのDNA」の中で、彼らの行った分析手法を説明している。皮肉なことに、ヘイエルダールの考古学調査隊が島内で発掘した人骨がDNA分析のサンプルとして使用された。島の西海岸アフ・テペウの人骨（推定年代1100年〜1680年）と南海岸のアフ・ヴィナプの人骨（推定年代1680年〜1868年）を合わせた成人12体のものであった。サンチャゴにある国立歴史自然博物館に保存されており、人骨が発掘されたのはDNA鑑定を行う40年前であったものの、サンプルの遺伝情報は分析に支障が生じるような汚染を受けることなく残っていた。

ヘイゲルベルクらは、PCR法により、サンプルから抽出したミトコンドリアDNAの塩基配列を調べた。そして、イースター島の古代人の場合、すべて16217番目がT（チミン）からC（シトシン）へ、16247番目がA（アデニン）からG（アニン）へ、16292番目がC（シトシン）からT（チミン）へと置換していることを確認した。16217番目の置換については、オセアニアから南米大陸の人々のミトコンドリアDNAにもその特徴はあったものの、残りの二つの特徴は南米大陸の先住民にはないものであった。このことから、イースター島を含む南太平洋の先住民は東南アジアの人々との遺伝的なつながりが大きく、南米大陸からの移民はなかったことが明らかとなった。[16]

ヘイエルダール自身は、コン・ティキ号での漂流実験の後も、1969年に古代エジプ

図2-2 イースター島地図

トとアステカ文明に類似点があるとして葦船ラーⅠ世号での大西洋横断に挑戦した。最初のラーⅠ世号は途中で沈没したものの、翌年ラーⅡ世号でモロッコからカリブ海のバルバドス諸島への横断を果たしている。さらに、1977年にはメソポタミア文明がインダス文明に伝播したとして、チグリス号でペルシャ湾からパキスタンへの渡航を成功させた。

古代エジプトとアステカ文明について、先行するマヤ文明と比較しても時間軸が2000年以上離れている点に難がある。またインダス文明については、その勃興と滅亡について未だ謎に包まれているものの、漂流実験をするまでもなく、発掘された印鑑などによりメソポタミア文明が伝播したことを示す証拠は残っている。

今日、ヘイエルダールの業績は、人類学の検証といった学術的成果ではなく、漂流実験という冒険の企画とその達成として評価され、実験考古学という試みの代表例になっている。そしてラー号以降の航海で、乗組員を多くの人種から募るといった行為は人道的な見地から称賛を受けることとなった。オスロにあるコン・ティキ博物館は、市内の観光名所となっている。

2 太平洋東部の海域が暖まる時

イースター島に残る伝説

では、どのようにしてポリネシア人によるイースター島への移民がなされたのか。南緯27度西経110度に位置するイースター島は、火山噴火によって浮かび上がった小さな孤島で、底辺12キロメートル、縦およそ6キロメートルの三角形の形状である。もっとも近くの島といっても北東に位置するサラ・イ・ゴメス島まで約400キロメートルも離れており、人が居住する島となると、イースター島西方のピトケアン諸島で2000キロメートル以上、そして南米大陸からの距離はおよそ3000キロメートルもある。南半球の亜熱帯循環系のほぼ真ん中に位置し、大気も海流も島への接近を阻むかのように反時計回りに巡っている。単なる地理的な距離のみならず、大気の流れや海流の関係でも簡単には到達できない場所にあり、世界でもっとも孤立した有人島の一つとされる。

1950年代にイースター島を訪れたドイツの人類学者トーマス・バーテルは、島内に残る口承伝説を収集整理した。バーテルによれば、この島への移民伝説は次のようなものであった。

移民した人々の故郷は、ヒヴァという島（おそらくマルケサス諸島のホトゥ・ヒヴァ島かヒヴァ・オア島）にあるマコイという名の土地であった。移民のきっかけは、そこに住む有力者のハウ・マカという男が見た夢であるという。夢の中でハウ・マカの魂は太陽の昇る方向に飛び、七つの島を巡った後に、移住に適した八番目の島をみたというものだ。この島の名前は、「テ・ピト・オ・テ・カインガ」（世界のヘソ）であった。ハウ・マカは目覚めると、島の指導者であったホトゥ・マトゥに夢の内容を伝えた。すると、ホトゥ・マトゥはただちに若い者を使って調査するようハウ・マカに命じた。ハウ・マカは自分の長男イラを含めた7人を選び、夢の内容を詳しく伝え、カヌーで出発させることにした。カヌーの名前は「オラオランガル」（大波から守りたまえ）あるいは「テ・オラオラーミロ」（生きている木）と名づけられた。

7人の若者は4月（Vaitu Nui）25日にマコイを出発し、ハウ・マカの夢にあった通り小島を経て、6月（Maro）1日にイースター島に到着した。イースター島に着くと、彼らは火山火口に昇り、あるいは別の土地に沿岸から上陸し、島の土地に名前をつけていった。彼らは島内で、ヤムイモ栽培に適した土地があるか探索した。

7月(Anakena)31日、彼らはランギ・メアメアという海岸で休息を取っていると、不思議なウミガメを目にした。このウミガメは7人の航海を追いかけてきたのだった。海岸に這っているウミガメをイラが持ち上げようとしたが、重くて動かない。7人の中の1人のクウクウが時間をかけてようやく地面から引き上げたのだが、ウミガメは手でクウクウの背を打ち、海に戻って泳いでいってしまったという。

ホトゥ・マトゥの父でマコイ国王のマトゥは、7人の若者が戻ってくるのを待ち切れなかった。人口増加により、ヒヴァでは部族間での深刻な土地争いが起きていたのだ。マトゥはホトゥ・マトゥに対し、5カ月前にイラが調査に向かった島に行けと命じた。かくして、ホトゥ・マトゥは家族を連れ、全長27メートル深さ3メートル弱のカヌーでイラのいる島に向けて出発した。ホトゥ・マトゥは部下のタケとオキに、サツマイモ、タロイモ、サトウキビを合わせて1000本、バナナ苗木500本、ニワトリ500羽、ヤムイモ300本、ブタ100頭などを用意させた。

9月(Hora Nui)2日に船出したのはホトゥ・マトゥのカヌーだけではなく、アヴァ・レイ・プアを乗せたカヌーも別の浜から出帆した。二艘のカヌーは海上でつなげられ、ダブルカヌーで外洋を航海していった。彼らは10月(Tangaroa Uri)15日にイースター島に到着する。先に到着していた7人の若者はホトゥ・マトゥに出会うと、最年少者を残して、10月25日ヒヴァに向けて帰国した。ホトゥ・マトゥはイースター島に若者とともに島に残り、白浜が残る北東部のアカメア海岸に住居を構えた。

ホトゥ・マトゥは生涯を島で過ごし、死の間際になるとポリネシア人の流儀に従って、島の王位とともに自らのアナケナ海岸の居住地と島の北西部を長男に相続した。他の5人の息子には、年齢の高い順に重要な場所を分け与えた。島に残る伝承では、このようにしてイースター島への入植がなされたとされる[17][18]。

南太平洋亜熱帯での風の循環

イースター島の上空は年間を通して、貿易風による南東風が卓越している。この風の流れは、赤道直下の貿易風の要因だけでなく、南太平洋高気圧の形成が関わっている。南太平洋の熱帯域東部は、冷たいペルー海流の北上と貿易風による赤道湧昇によって海面水温が低い（第1章3参照）。海面水温が低い海域の上空の大気は周辺と比較して冷たくなるため、同じ場所に空気の密度が濃い高気圧が形成される。

空気の相対的な密度差から高気圧と低気圧が生まれる。太平洋の赤道付近では東側で海面水温が低く海域に高気圧が居座するのに対し、貿易風により海面近くの暖かい海水が押し流される西側で海面水温が上昇し低気圧が発生しやすくなる。太平洋西部で、空気が熱せられると上昇気流が生じ、雨期には積乱雲が多発することになる。このようにして通常の年の場合、太平洋の熱帯域では東側に高気圧帯、インドネシアなどのある西側に低気圧帯が形成される形の気圧配置が現れる。

南半球の高気圧を巡る風は北半球とは反対に反時計回りに循環しており、イースター島上空では東から西へ向かう風が一般的な流れになっている。このため南緯10度西経140度のマルケサス諸島の南南東、南緯27度西経109度にあるイースター島に向かうには、完全な逆風の中、2200キロメートル以上を航海せねばならない。

南太平洋東側の高気圧が弱まると、時には西風が吹くことはある。とはいえ、西風になるのは平年では南太平洋西側から日付変更線にかけてであり、さらに東に位置するイースター島まで西風が吹く日は限られている。マルケサス諸島からカヌーを漕いで何週間も逆風の中を東に進むのは、非常に困難を伴ったと考えられる。

伝承の中に、マルケサス諸島からイースター島に移民する際のヒントが隠されている。まず、ハウ・マカのみた夢であるが、いつもの気象条件や海況ではわざわざ夢を島の指導者に伝える必要はなかっただろう。魂が示した東方の島への航海が可能であるというのは、通常と異なる風向きや海流の発生を意味していることを示唆している。

7人の若者による探検隊の出発が4月25日であることから、ハウ・マカがみた夢が南半球の夏の終わりから秋に当たる3月終わりから4月中旬にかけてと想像がつく。エルニーニョの年において太平洋東部の海面水温は、12月に上昇したまま下がらず、その発生が明確になる季節である。ハウ・マカは長い間の経験から、数年に一度起きるエルニーニョの年の到来を夢の形で予見し、この事実をヒヴァの指導者であるホトゥ・マトゥに伝えたのではないだろうか。

エルニーニョが発生した場合、太平洋東部の熱帯域の海面水温は3月を過ぎても高いままになる。南太平洋東部の高気圧は弱まり、太平洋熱帯域での東西の気圧の差が小さくなる。つまり、貿易風が弱まると太平洋の東部から西部に向けて流れる海流の勢いも弱化するため、太平洋西部の熱帯域での低気圧帯の積雲対流も活発でなくなる。熱帯域で雨が降る場所はインドネシアを中心とする太平洋西側から、タヒチ島の位置する太平洋中央へと東側に移動し、気圧配置も東部で高気圧、西部で低気圧という明瞭な形が現れなくなる（図2－3）。

このように太平洋熱帯域での東部と西部での気圧の関係は、通常の年とエルニーニョの年でまったく異なる形になる。この気圧配置のずれについて、1924年に英国人の科学者ギルバート・ウォーカーは、タヒチとオートラリア北部のダーウィンの気圧がシーソーのように逆相関であることを発見した。この関係は南方振動と呼ばれるようになる（ウォーカーの業績および南方振動については第3章5で触れたい）。

さらに、ウミガメが7人の若者を追いかけたというのも、探検時の南太平洋東部の海域の状況を示す象徴的な逸話である。熱帯および亜熱帯の海洋に数多く棲息するウミガメは、

図2-3 エルニーニョ発生時の太平洋赤道上の気候

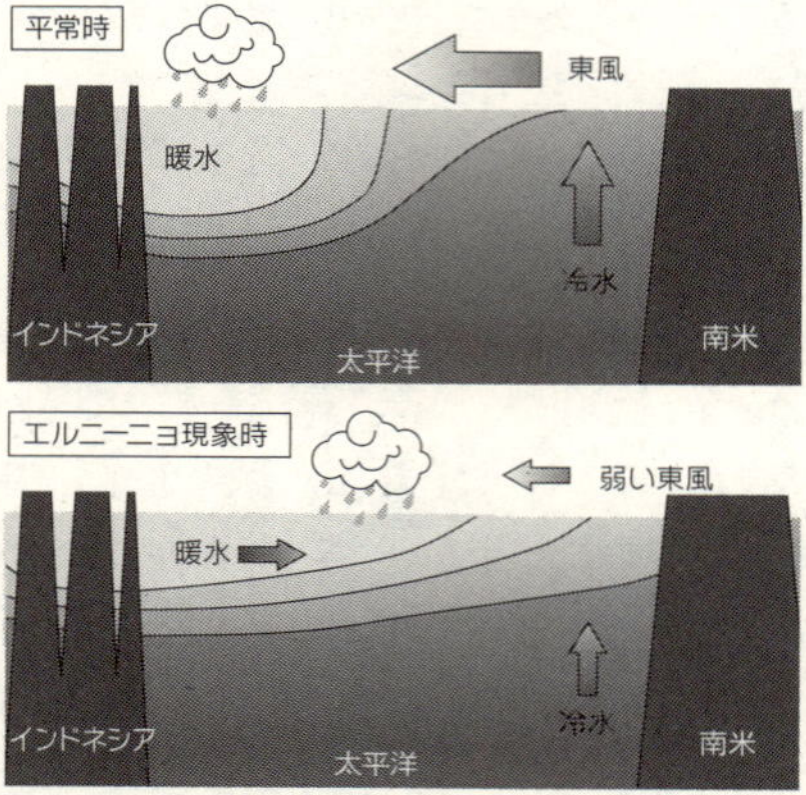

出典：気象庁HP 気象統計情報、エルニーニョ現象に伴う世界の天候の特徴

冷たい海域を好まない。このウミガメが、平年であれば海面水温が西側よりも通常5度から7度低い東側に向かって泳いでいくというのは想像しにくい。つまり、探検隊の航海についてウミガメが泳いでいった時、南太平洋の東側の海域が暖かかったことを示唆しているのではないか[19]。

そして、探検隊の帰国を待たずに、ホトゥ・マトゥが国王の指示に従って9月に急いで出港しているのも、物語の展開としては不自然である。ヒヴァでは領土争いが緊迫していたとはいえ、伝説の筋立てからすれば探検隊の結果を聞いてから、移民の準備を始めるところであろう。エルニーニョは通常、太平洋熱帯域の東側で海面水温が上昇してから、1年ないし1年半で終息する。ホトゥ・マトゥは船出の機会を逸しないうちに長い航海に出たようにみえる。それも、最初から移民を目的としたものであった。ホトゥ・マトゥは航海にあたり、サツマイモやタロイモといった大量の植物やブタやニワトリといった動物を船に積んでいる。難破船が東に流れて無人島に着いたのではなく、計画的な移民であることがうかがえる。

エルニーニョの年に吹く北西風

エルニーニョが発生すると、イースター島周辺ではどのような気象状況になるのか。1982年のイースター島のマタベリ空港での6時間ごとの気象観測データによって検証することができる。

エルニーニョが始まった1982年年初から3月、南半球の季節は夏から秋にかけてであるが、東風ないし南東風の日ばかりが続いた。気圧も高く南太平洋の高気圧がまだ強かったことがわかる。ところが、4月になると風は弱まり、北西風が吹くことが多くなる。南太平洋東側の海水が暖かくなったことで気圧が低下し、南太平洋高気圧の勢力が衰えはじめる。6月にいったんは気圧も通常の高さに戻り、東風の日が増えた。その後、7月から8月に入って、急に気圧が低下傾向になり高気圧が弱くなる。8月の風向は北西から西方向の風が卓越し、5週間連続で西風が吹く期間があった。風速は毎秒10メートルを超え

図2-4 1982年のイースター島の風向と風速

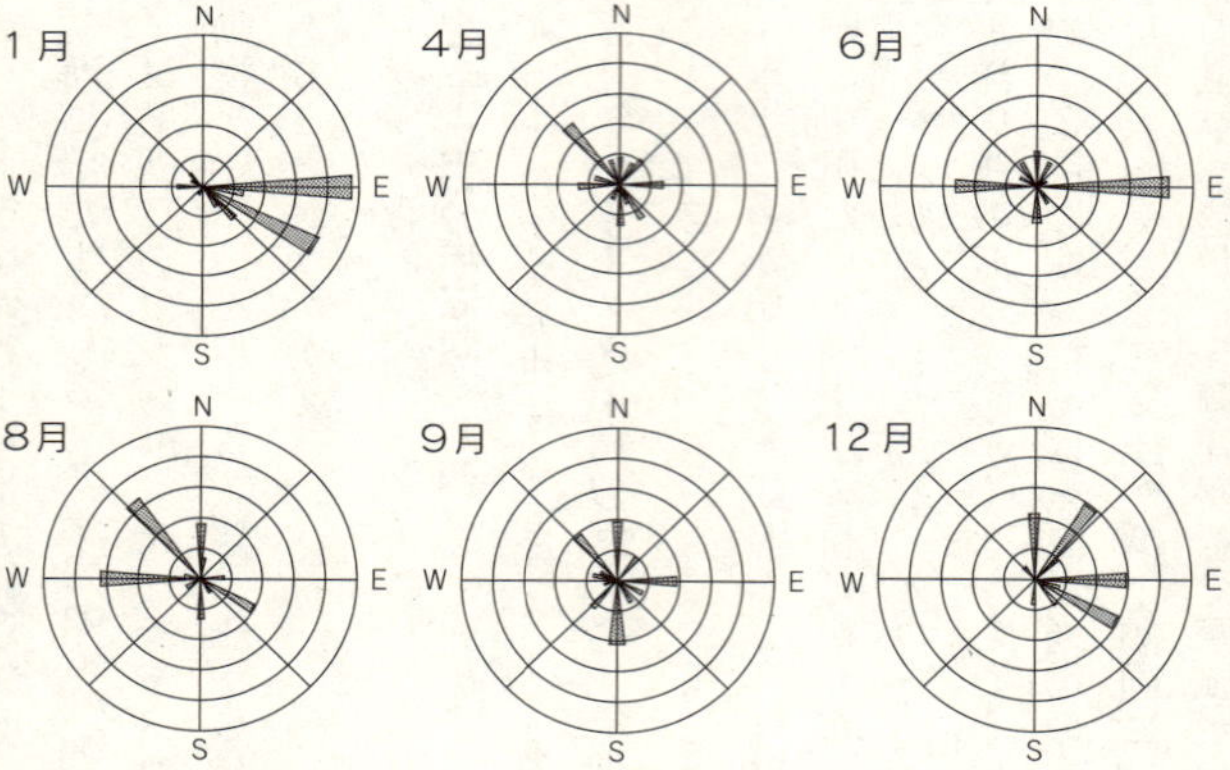

出典：Caviedes and Waylen（1993）

た。9月になっても南太平洋高気圧は弱ったままで、風向は一定せず、通常の東風に戻るのは11月以降であった[20]（図2－4）。

1982年のエルニーニョでの気象条件をみると、伝説が示しているハウ・マカの夢に始まるヒヴァからの移民の時系列とまさに符合している。まず、ハウ・マカの長男イラをリーダーとする7人の探検隊がマコイを出発したのは4月25日であり、6月1日にイースター島まで5週間の航海で到着している。1982年の、ちょうど北西風が吹いた時期に符合する。若者たちはイースター島での生活適地を探すために沿岸から反時計回りに何度も上陸を行った。島の北東側の海沿いは現在、アナケナ海岸と呼ばれるが、アナケナとは「7月」という意味である。[21]

そして、ホトゥ・マトゥの船出は9月2日で6週間後の10月15日に移民地に着いている。同じく1982年の場合での東風が吹きはじめる11月より前という、西風が卓越していた時期と一致している。

では、マルケサス諸島からイースター島に向かう気象状況はどうだろうか。前述のイースター島マタベリ空港での1979年から1984年にかけての気象データを用いたシミュレーションがある。シミュレーションは単純なもので、各年5月にマルケサス諸島を出た気球がイースター島のマタベリ空港の風向と風速によって風に流された場合、どの方向に進むかというものだ。

果たして、マルケサス諸島からイースター島に向かうことはできるだろうか。もちろん洋上を走行する船の場合、単純に風向・風速と同じように進むわけではなく、逆風時になすがままということもない。とはいえシミュレーションによってこの海域の卓越する風向・風速から、南東に向かう航海の難易度を示すことは可能だろう。

結果として、1982年の場合、マルケサス諸島を5月に出発した気球は、7月にイースター島付近にたどり着いている。しかしながら、1980年、1981年、1983年、1984年のケースでは、気球はマルケサス諸島から西に流され、イースター島とは反対方向に進んでしまった。1982年と同様に東に進むことができたのは1979年だが、この年も前年冬からエルニーニョが発生していた。わずか6年間の気象観測データを用いたシミュレーションではあるものの、マルケサス諸島から東に向かう際に、エルニーニョの年だけが気象状況として適していた[20]（図2－5）。

渡航は果たして容易であったのか？

ポリネシア人の高い造船能力と巧みな操船技術があれば、逆風の中を東に進むことは容易だと考える向きもあろう。ポリネシア人の開発したクラブクロウセイルは、ラテンセイルよりも風上走行の効率はいい。逆風での進行が困難になった場合も、風に流されていればいつでも故郷に帰れるという安心感があっただろうとの見方もある[22]。

さらに船の行く先に島があるかどうか。ポリネシア人は水平線近くにかすかにみえる積雲を道標とする高度な航海技術をもっていた。また、空を飛来する渡り鳥をみれば鳥が進む方向に島があることを知っており、海鳥を追いかけていけばその先の島にたどり着くことができた。

とはいえ、マルケサス諸島、あるいはその南側の少しは距離の短いトゥアモトゥ諸島から出発したとしても、イースター島まで航海した回数は非常に限られていたようだ。オランダ人のロッヘフェーンがイースター島に到着した時に、島民は自分たち以外に人間がいるとは考えていなかった。イースター島の別名はラパ・ヌイ（大きな島）であるが、これは他の島のポリネシア人が命名したものだ。島民は自分たちの世界を「テ・ピト・オ・テ・ヘヌア」と呼んでおり、これは前述のように「世界（陸地）のへそ」との意味であった。イースター島の島民は世界の中心にいると考えていた。[23]

ヘイエルダールが1955年に調査した当時のイースター島では、島民は葦で作った平屋に住んでおり、家畜はニワトリだけで、バナナとサトウキビ、そして主食であるサツマイモを栽培していた。ホトゥ・マトゥの伝説によれば、ブタも積み込んだとあるが、ヨーロッパ人が渡来して以降では、ブタの姿はなかった。

彼らが外の島と接触できなくなった理由に、1200年以降の森林伐採があった。もはや大木は生えておらず、ヘイエルダールがみた中で一番大きなカヌーでも、全長3メートルしかなかったという。この大きさでは、外洋を航海するなど不可能であった。[24]

一方で、他の島々の人々が長年にわたり、イースター島に渡航していないというのも不思議な話である。マルケサス諸島を拠点として、ポリネシア人はハワイやタヒチを経てニュージーランドまで頻繁に渡航しているのだ。イースター島だけが例外なのだろうか。14世紀以降、500年にわたって地球全体で気候の寒冷化傾向が顕著になった小氷期の時代、南太平洋の海域は天候が荒れ、イースター島への渡航が途絶えたのではないかといった仮説もある。[25]

そもそも、イースター島への移民がいつ行われていたか。近年の研究では、イースター島への初期移民は1200年頃であり、入植直後からモアイ像は建設され、ただちに森林伐採が始まったとする。島民人口は、かつていわれたような1万5000人という大きな数字ではなく、せいぜい3000人程度であったろうという。[26][27]

ともあれ、移民の経緯やその後の周辺の島との接触が極端に少ないことから、ポリネシア人の高い造船技術と操船能力をもってしても、マルケサス諸島から絶海の孤島であるイースター島まで到達することは容易なことではなかったと想像できる。そして、近年の気象観測データは、数年に一度のタイミングとはいえ、南太平洋の西側からイースター島に到着するには、絶好の機会が訪れることを示している。そのチャンスとは、太平洋熱帯域の東側で海面水温が平年値よりも高くなるエルニーニョの年である。

3 ジグソーパズルはまだ埋まっていない

サツマイモの伝播経路は？

ミトコンドリアDNAの分析によって、イースター島を含めた南太平洋に広がる島々の先住民が東南アジアを由来とする先祖をもつことは決着がついた。しかし、一つの難問が残った。南太平洋の先住民の主食ともいえるサツマイモの伝播ルートについてだ。ポリネシアの人々が主食とする根菜植物はタロイモ、ヤム、ウコンと多いが、これらはみな東南アジアからインドまでの熱帯域に原産地がある。根菜植物の中で、サツマイモの原種はアジアや太平洋の島々からは発見されておらず、今日ではサツマイモの原産地は新大陸とされている。

サツマイモの起源について、新大陸の中でも二つの説がある。メキシコやグアテマラといった中米説と、アンデス山麓のエクアドルから南米大陸のペルー海岸説だ。京都大学名誉教授の故西山市三博士が1955年に実施したメキシコでの野外調査で、サツマイモの野生種とされるトリフィダ（*I.trifida*）を発見している。トリフィダの塊根は小指ほどの大きさであり、栽培種のサツマイモのような大きさに進化した過程は明らかになっていない。そして、栽培種のサツマイモが塊根から芽が出る栄養繁殖であるのに対して、野生種は種子繁殖していた。栽培種のサツマイモの起源について未だ特定できないとはいえ、紀元前2000年頃には新大陸の中で広く伝播され、中米カリブ海や南米大陸の南方でも栽培されていったと考えられている[28][29]。

サツマイモは、ジャガイモやトウモロコシと同様にコロンブスが15世紀末にヨーロッパに持ち帰り、イザベラ女王に献上している。これ以降、旧大陸で栽培が広がり、80年後には喜望峰を回ってアジアに渡ってきた。ヨーロッパでは気候的にみて栽培に適さなかったのに対し、暖かいアフリカや東南アジアの植民地では育てる上で格好の植物であった。この経路を経て日本に持ち込まれたのは1600年頃とされる。

ところが南太平洋のポリネシアでは、コロンブスがカリブ海に到達する以前からすでにサツマイモを栽培していたのである。ニュージーランドでは、1642年にオランダ人のエイベル・タスマンが到着する以前から、先住民のマオリ族によってサツマイモの栽培が行われていた。ニュージーランドだけでなく、ヨーロッパから渡航した人々はイースター島やハワイ諸島でもポリネシア系の先住民によるサツマイモ畑を発見している。彼らの食生活は海から採れる海産物、畑で栽培するサツマイモ、タロイモなどの根菜類、そして家畜のイヌ、ブタ、ニワトリによって維持されていた。ポリネシアの人々はどのようにして、サツマイモを得たのであろうか。[30]

南米大陸からサツマイモを運んだ者は誰か?

オランダ人の探検家アベル・タスマンは、オランダ東インド会社に依頼された調査航海で1642年にニュージーランドを発見したのだが、この時にマオリ族はサツマイモのことを「クマレ」と呼んでいたと記録している。サツマイモの呼び名は、イースター島で「クー・マラ」、そして南米アンデスのケチュア語、アイマラ語で「クマレ」であり、語源が近いとの印象を受ける。[31][32]

現在では、サツマイモは人手によって1000年前後に南米大陸の北部西岸からマルケサス諸島に伝えられ、そこから南太平洋の島々に広まったと考えられている。もちろんサツマイモの種が海を漂流してマルケサス諸島にたどり着いた可能性や、鳥が糞とともにサツマイモの種を落としたケースも否定できない。しかし前者の場合、長期間塩水の中に漂った後に発芽した事例はなく、栽培種となったサツマイモは人手を介さないと容易に発芽しない。鳥が運ぶケースについても、可能性はゼロとはいえないものの、片道3000キロメートルを東西に一度も休まずに飛ぶ鳥は想定しにくい。もとより、漂流にせよ鳥による運搬にせよ、「クマレ」という言葉が伝わった事実を説明できない。

次の問題は、誰によってかである。これも南米大陸のインディオと南太平洋のポリネシア人の二者が考えられる。前者は、ヘイエルダールの南米からの移民説にも関係するものだ。イースター島の北東にある無人島サラ・イ・ゴメス島は、イースター島先住民の言葉でモツ・モトゥロ・ヒヴァと呼ばれ、ヒヴァに向かう途中にある鳥の島という意味であった。このことから島民の故郷であるヒヴァとは、サラ・イ・ゴメス島の先にある南米大陸を指すと主張する。

しかし、逆風を走行できないバルサ船に乗っていた南米大陸の先住民とクロウセイルを自在に操るポリネシア人の比較から、ポリネシア人が南米大陸まで到達し、彼らがサツマイモを持ち帰ったと考えるのが現在の主流になっている。ポリネシア一帯において、最初にサツマイモが登場したのが、1000年頃のマルケサス諸島ゆえ、おそらくマルケサス諸島の島民が南米大陸に渡り、サツマイモを積んで帰還したのであろう[33][34]。

南太平洋から南米大陸に上陸が可能な気象条件は何か

ポリネシア人による南米大陸西岸への上陸について、これもマルケサス諸島からイースター島に渡るのと同様に、東から西に向かう海流と気流が難題となる。イースター島以東への航海においても、エルニーニョの気象条件が大きな要素である可能性が高い。マルケサス諸島からイースター島への移民について、エルニーニョの年であれば北西風が長く続くため、カヌーで渡ったという可能性を述べた。その延長線上に南米大陸があるのではないだろうか。

マルケサス諸島からイースター島への移民について、マタベリ空港での気象データを用いたシミュレーションを紹介した。シミュレーションをさらに延長すると、果たして南米大陸まで行きつくことができるであろうか。図2－5にある通り、1979年から1984年の6年間において、エルニーニョが発生した1979年と1982年以外のケースでは、マルケサス諸島から上げられた気球は西に向かってしまった。ところが1979年の場合、5月にマルケサス諸島を出た後、8月に南米大陸西岸の南緯30度付近に届いた。そして1982年も9月に同じく南米大陸西岸の南緯45度付近に到達する結果

図2-5 マルケサス諸島から上げた気球の移動シミュレーション

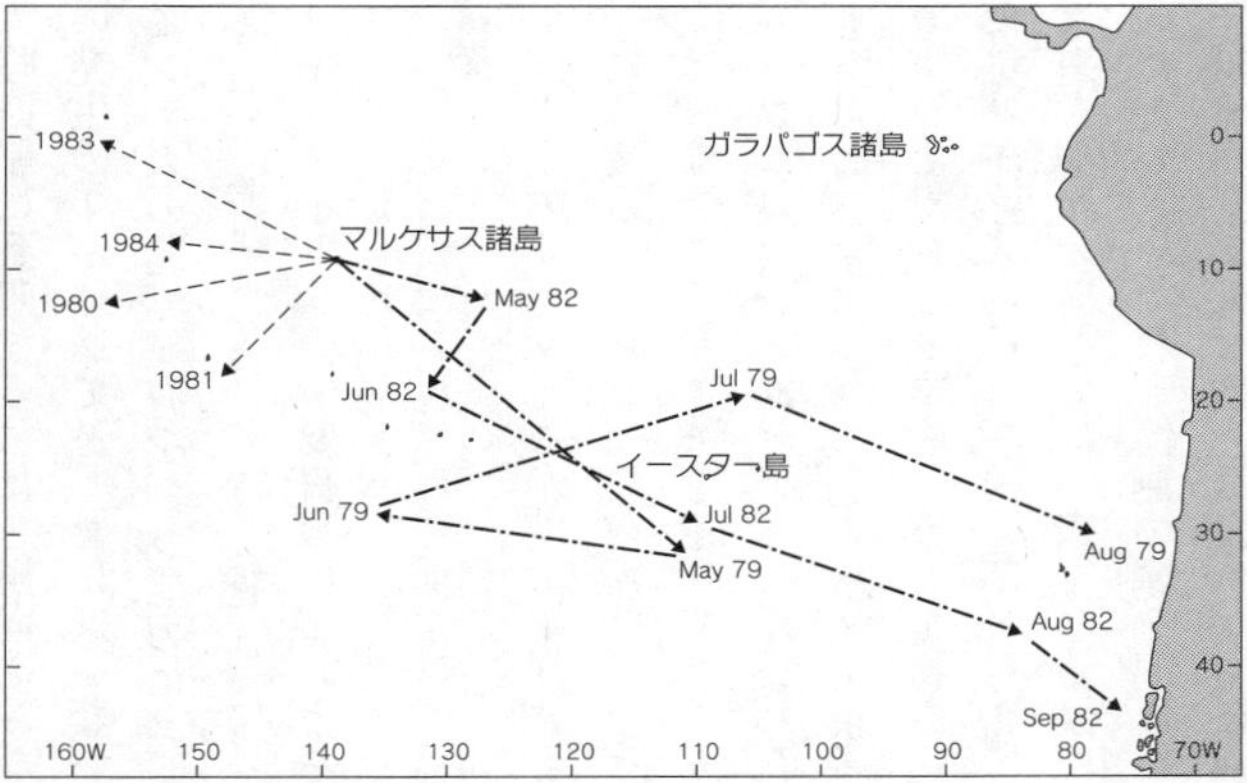

出典：Caviedes and Waylen（1993）

となった[20]。

　貿易風の強弱や、南太平洋亜熱帯の高気圧を循環する縁辺流の数年おきの変化だけではない。南米大陸に到着するには、もう一つ大きな難問が控えている。大陸沿岸には80キロメートルから160キロメートルの幅で、ペルー海流が強い寒流として流れているのである。南米大陸の沿岸までたどり着いても、ペルー海流に乗ってしまうと船は北あるいは北西方向へと流されてしまう。コン・ティキ号の場合、ペルー海流で北に流されるのを避けるために、カヤオ港から沿岸80キロメートルを過ぎるまで引船で曳航された（このことが、漂流実験としてのキズになった）。したがって、南太平洋の西側から南米大陸西岸に到着するには、風向のみならずペルー海流が弱い時期、すなわちエルニーニョの発生の年が最適であったに違いない。

　ポリネシア人の遠洋航海を行う能力にエルニーニョという恰好な気象条件が加われば、毎時10キロメートルで休みなく進んだとして、マルケサス諸島からペルー西岸まで6500キロメートルの所要日数は、およそ1カ月という計算が成り立つ。

残る疑問

　これで南米産のサツマイモが南太平洋にもたらされた経緯について、それなりの説明がついたかにみえる。しかし、まだ疑問は残っているのだ。まず、南米大陸に到着したポリネシア人は、なぜサツマイモを選んで持ち帰ったのか。1000年頃の南米大陸西岸での主食は、トウモロコシとジャガイモであった。南米から持ち運ばれた植物は、サツマイモ以外にも野生のパイナップル、ハワイ・ホウズキ、トトラ葦があるとされる。であれば、トウモロコシとジャガイモをどうして持ち込んでいないのか。タロイモやヤムイモを栽培していたポリネシア人にとって、サツマイモは馴染みやすい植物であったとの意見がある。あるいは南太平洋の島々では、寒冷な気候に適合したジャガイモは不向きであったかもしれない。ただし、いずれも憶測の域を出ない[35]。

　次に、ポリネシア人は南米大陸に何らの痕跡も残していない点があげられる。2007

年の研究論文などで、ポリネシアのニワトリとコロンブスの到達以前の南米大陸にいた種をDNA分析で比較し、両者の関係があるとする推測もあった。しかし、その後の研究でポリネシアに由来するDNAは西方に運ばれ、マダカスカル経由で南米にもたらされたことが確認された。2014年にイースター島の遺跡から採掘された27の人骨からアメリカ先住民と関係するゲノムが見つかったとの論文も出ているが、2017年にこれを否定する見解が示されている。ポリネシア人が海を渡って南米大陸に到着した確かな痕跡は、今のところ見つかっていない。[36][37][38][39]

また、ポリネシア人は、1000年以降の第二次拡散期に入り、ソシエテ諸島のタヒチを起点として、ハワイやニュージーランドには頻繁に渡っているのである。にもかかわらず、1000年頃にサツマイモを持ち込んで以降、数百年間一度も南米大陸との接触がなくなるというのも不思議な話である。

もしかしたら、ヘイエルダールが信じたように、南米大陸の部族の一部が逃避行をするようにバルサ船に乗って片道航海を敢行したのか。ヘイエルダールらは1952年にガラパゴス諸島で南米産の陶器を発見している。沿岸のバルサ船が航路を外れてガラパゴス諸島まで運ばれたものと考えられている。であれば、ガラパゴス諸島を越えてさらに西方まで漂流する船もあっただろう。南米沿岸からガラパゴス諸島までの距離に対し、ガラパゴス諸島からマルケサス諸島までの距離はおよそ4倍に相当する。サツマイモを積んだ南米先住民がマルケサス諸島に到着した可能性も完全には棄て切れないものがある。コン・ティキ号の漂流ルートがサツマイモの南太平洋への伝播経路である可能性は、わずかながら残っている。[40]

第3章

アジアの大飢饉と新しい植民地支配

「人間の生命は、
あらゆる支出や努力を費やしても守られるべきものである。
男も女も子供も、飢餓により死んではならない」
——1877年1月、英国領インド政府声明

１ よろめく資本主義社会

産業革命の進展と景気循環の発生

18世紀後半に英国で生まれた産業革命は、１７６４年のハーグリーブスによるジェニー紡績機の開発、１７８５年のワットによる蒸気機関の発明、19世紀初頭にかけてのコークス製錬法の改良による良質な鋼鉄の製造、といった技術革新に端を発する。これらのイノベーションを受けて社会構造の変化が生じ、英国全体での生産性が大幅に向上したことで経済が発展した。そして、この時代に英国で生まれた中産階級が産業革命の担い手となっていった。

イリノイ大学経済学部教授のディアドラ・マクロスキーによれば、英国では１７８０年から１８６０年にかけての80年間で多くの産業セクターで生産性が飛躍的に向上し、１人当たりの国民所得が急上昇した。古代から、人口が増加すると１人当たりの取り分が減少してしまうという関連性が続いていた。経済学者のトマス・ロバート・マルサス（１７６６－１８３４）が『人口論』で唱えたこの桎梏《しっこく》から解放されたのだ。１７７０年から１８６０年にかけて英国の人口は2倍以上に増加したのに対し、１人当たりの国民所得は減少することはなく逆に2倍に増加した。このような人類の歴史始まって以来の出来事は、

19世紀初頭になるとフランス、ドイツといったヨーロッパの近隣国にも普及し、さらに大西洋を隔てた米国にまで広がっていった。近年では、「産業の革命」を達成したのが英国であるのに対し、欧米の周辺諸国の経済発展は「工業化」と、区分して表現されることが多くみられる。[1]

19世紀に入ると、英国では経済としての好況と不況という景気循環が現れ始める。生産技術に革新が起きると設備投資のブームが生まれるが、やがて商品の生産が過剰になって在庫が溜まり、あるいは生産技術そのものが陳腐化する。しばらくの間、資本家の生産した商品は売れなくなるものの、在庫が一掃して新たな生産技術が導入されると、再び経済は活況に転じていく。

英国では、周期的におよそ10年で不況の波が訪れていた。この10年周期は、今日でも設備投資循環といわれるもので、1860年に最初にこの周期性を提唱したフランス人の経済学者J・クレメンス・ジュグラー（1819－1905）の名前を取って、ジュグラー・サイクルと呼ばれる。

「大不況」の時代

ところが、19世紀後半になると、英国では長期的な経済成長が鈍化したとされ、重苦しい空気が流れはじめる。周期的な景気循環とは別に、趨勢的に景気が低迷しているとの見方が蔓延していった。

発端はヨーロッパのウィーンだった。フランスでは1830年代、ドイツでも1840年代半ば以降に工業化が進展しており、ドイツでは1871年から1873年に起業ブームで会社設立が相次ぎ「創立の時代」といわれた。新しい起業家に多額の資金を貸しつけたのが銀行であったが、ブームが去ると貸し倒れが顕在化し、1873年5月9日にウィーン証券取引所での鉄道株下落をきっかけに金融恐慌となった。新興企業の倒産が相次ぎ、金融市場の暴落はドイツ、イタリアから米国まで波及していった。米国では、南北戦争の終結に伴う景気後退がヨーロッパの金融不安と重なった。同年9月8日にウォールストリートでもパニックが起き、金融機関の預金支払いの停止が多発する事態となった。米国の鉄道株も暴落し、ノーザン・パシフィック鉄道に膨大な出資をしていた銀行家ジェイ・クックは、この影響で倒産した[2]。

この時のヨーロッパから米国にかけての金融危機は、「1873年恐慌」と呼ばれている。そして、長期的に商品、株式、債券が反落し、物価と利潤率の低下傾向が顕著になる時代が始まったのである。長期的な物価下落は1840年代以来のことで、この低迷は19世紀末まで続いた。英国では、1873年から1896年にかけての景気低迷を「大不況(Great Depression)」あるいは「長期不況(Long Depression)」と名づけている。英国、ドイツ、フランス、米国といった工業化の先進国では、その後の24年間、輸入物価の下落

図3-1 欧米主要国における卸売物価の推移

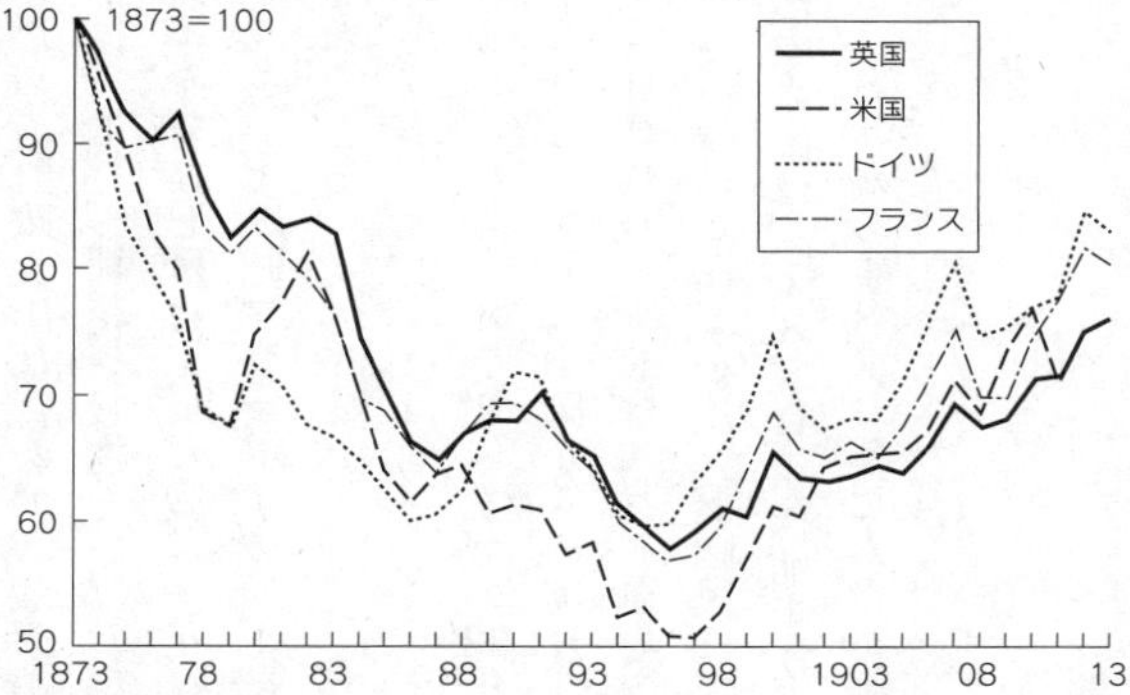

出典：富田（1997）（原典は、Mitchell（1980）、U.S. Bureau of Census（1975））

を主因とする卸売物価の低下傾向となった。英国では、通期でみると卸売物価は42%（年率2・3%）下がっており、20年以上デフレの時代が続いた（図3－1）。

そして、19世紀半ば以降、ヨーロッパ各国の植民地政策は過酷を極めた。英国は植民地インドを金のなる木としてしかみていなかった。英国は、他国との貿易赤字をインドからの富の移転で埋める政策を長年取り続けたのである。その結果として、インドでは農村部を中心に貧困化が進むこととなった。

1857年から1859年のスィパーヒーという兵士の暴動に始まるインド大反乱（別名・セポイの乱）を鎮圧して以後、英国政府は植民地インドの経営を東インド会社から英国国王の直接統治に変えた。そして、高額な地租を設定したものの農業生産の向上のための財政支出は行わず、歳入のほとんどを植民地経営のための行政経費と本国への送金に当てた。綿花や穀物といった農業生産物の価格が下落するたびに地租を上げ、歳入の規模を維持し続けていたのだった。インドの農民は多額の債務を抱えて貧窮化していき、マハラシュトラ州アフマドナガルでは、農民の5分の3が絶望的な負債を抱えていると報告された。[3][4]

1876年にD・ナオロージーが行った講演「インドの貧困」によれば、インドは1835年から1872年までの38年間に海外収支で5億ポンドを稼いでいた。うち1億4100万ポンドは中国からの阿片収入によるもので例外的な扱いとなるものの、残りの3億6000万ポンドはインド自身の生産物によるものであった。ところが、植民地の経営者はこのほとんどをインド国民に還元することはなかった。英国支配によるインドからの富の流出は、1870年代前半から認識されていたのだ。このような状況のもとで、1878年から1879年にかけて強いエルニーニョが発生し、インドに大飢饉をもたらすのである。[5]

2　インドの飢饉、モンスーン、エルニーニョ

インドの飢饉の歴史

インドでは、11世紀以降、大飢饉の到来の記録が残っている。１０２２年から１０３３年にかけてインド全土を飢饉が襲い、人口が減少したとある。また、１３３４年から１３３５年の大飢饉では、王族ですら飢えたという。その後、数年から数十年に一度、大きな飢饉が到来してきた[6]。

飢饉の発生件数をみると、16世紀に7回、17世紀に8回起きている。17世紀の飢饉の中で１６３０年から１６３２年にかけてのものはデカン飢饉とよばれ、２００万人の死者が出た。18世紀に入ると、記録が充実したためか飢饉の頻度が多くなり、12回を数える。中でも１７７０年のベンガル飢饉と１７８２年から１７８３年のチャリサ飢饉、および１７９１年のドジ・バラ飢饉での被害はとりわけ大きく、死亡者はそれぞれ１０００万人に及んだと推定されている。

19世紀の半ばまででは、１８０２年から１８０３年、１８０６年、１８１２年、１８１６年、１８２３年から１８２４年、１８３２年、１８３７年から１８３８年、１８４４年、

1853年と10回の飢饉が発生した。この中で1816年の飢饉は、インドネシアのタンボラ火山噴火で火山灰が日傘のように成層圏をおおったことにより、全世界で気温が低下し、「夏がなかった年」となったためであろう。英国領インド帝国が成立して以降も、1860年のマドラスからベンガルといった東海岸でのオリッサ飢饉、1869年のデカン高原北部から中央州、連合州を襲ったラージプターナー飢饉と続いた[7][8]。

モンスーンが発生する原理

インドには、モンスーンによる雨期が毎年到来する。モンスーンとは巨大な海陸風のことで、日射に対する陸と海での気温変化の違いがもたらす風に由来する。モンスーンが発生する原理を最初に解明したのは、英国の天文学者エドモンド・ハレー（1656－1742）である。

ハレーは、現在ではハレー彗星が75・3年周期で太陽を回っていることを予言した科学者として有名であるが、ケプラーの惑星法則の検証や、地磁気観測から人口統計学の先駆的研究まで、幅広い業績がある。アイザック・ニュートンに対して、『プリンキピア』を執筆するよう強く勧めたのもハレーである。1668年、ハレーはモンスーンの発生理由について、季節的に日射量が変動するのに対して、大陸と海洋では吸収される熱量が違うことによると発表した。

冬に日射量が減ると、大陸の気温が大きく下がるのに対し、海洋上の気温は相対的にさほど下がらない。大陸の上空には冷たい空気による高気圧、海洋の上には暖かい空気による低気圧という気圧配置になる。一方、夏になると大陸が熱せられて気温が大きく上昇するのに対して、海洋上の気温はさほど上がらない。このため、大陸上空に暖かい空気による低気圧、海洋上に冷たい空気による高気圧という冬と反対の気圧配置ができる。

暖かい空気は軽いため上空へと上昇する。そして、空気の密度が濃い高気圧から、密度が薄い低気圧に向けて水平方向に風が流れる。インドでは北部のチベットからインド洋にかけて、この季節的な海陸風による効果が大きく、冬には内陸部の乾いた冷たい高気圧からの北東モンスーンが吹き、夏にはインド洋に位置する高気圧からの湿った南西モンスーンが吹く。内陸部の気団と海洋性の気団の境界で、南西モンスーンによる暖かく湿った空気が北東モンスーンによる冷たい空気の上空を滑昇することで上昇気流が生じ、積乱雲が多発する。この地域一帯は、どしゃ降りのような雨が何カ月も続くことになる。

モンスーンの語源は、アラビア語で季節を意味する mausem による。アラビアの航海者は6月から9月に吹く南西モンスーンを利用してインドに渡り、11月から5月にかけて北東モンスーンが吹くと、今度はこの風に乗って帰国していた。

このように、モンスーンとは毎年季節ごとに必ずやってくる風の流れであり、雨期そのものを意味する言葉ではない。インドからバングラデシュにかけての南アジアでは、通常

11月から5月にかけては北東モンスーンが吹いて内陸からの乾燥した空気に満たされるのに対し、6月から10月には南西モンスーンが北上する。そして、南西モンスーンに運ばれた暖かく湿った大気が、長期にわたって雨をもたらす積乱雲の一群を形成するのである。

エベレストを含めたヒマラヤ登山が、一般的に夏ではなく春ないし秋に行われるのは、南西モンスーンによる強風を避けるためだ。夏には暖かくなるゆえ防寒装備は少なくてすむと思いがちだが、夏場の南西モンスーンによる風は強く、湿っているために降雪も多い。このため、8000メートルを超える高山の稜線を歩いていくことは、ほとんど不可能といえる。北東モンスーンの支配する冬の方が、まだしも風速は弱く乾燥した空気ゆえ降雪も少ないことから、厳寒といえども夏よりは登頂のチャンスがある。

南西モンスーンによる降水は、5月からインド亜大陸の南端から北上していき、盛夏になるとインド亜大陸のつけ根に当たる北部まで到達する。ヒマラヤ山麓にあるデラデューン市では、年間降水量およそ2260ミリのうち、85%が6月から9月に降る。この傾向はインド全域で同じであり、雨量の多い南西部においても夏の降水量が年間の8割に当たる[9]。

南西モンスーンによる夏の降水は、大きな川がなく灌漑用水が完備されていない地域の農業にとっては必要不可欠なものとなる。6月から9月の夏の雨期に、キビなどの雑穀やサトウモロコシ、トウモロコシ、ピーナッツ、大豆、サトウキビ、そして綿花を栽培する。

これらはインドにとって主要な農産物であり、インドやパキスタンではカリフ（Kharif：アラビア語で秋）の穀物と呼ばれ、初冬に収穫される。南西モンスーンが運んでくる雨は、インドの農民にとってまさに恵みの雨であった。

エルニーニョの年――南西モンスーンとインド洋の海面水温

ところが数年おきに、南西モンスーンが半島部からインド北西部まで北上しない年、あるいは北上が平年よりも遅く半島部までしか届かない年がある。インド洋からの暖かく湿った空気をもつモンスーンが北上しないと、雨をもたらす積乱雲が夏の間に形成されずインドの陸地で干ばつが起きる。夏の干ばつは飢饉に直結する。

この南西モンスーンが弱く、平年のように北上しない原因の一つにエルニーニョが深く関わっている。南西モンスーンが弱化する背景に、いつもエルニーニョがあるわけではない。しかし、1875年以降の干ばつをみると、エルニーニョが発生した年にインドで厳しい干ばつが発生する事例が多い（図３－２）。

エルニーニョが発生する地域は太平洋熱帯域の東側であり、インド洋とは地球の円周の3分の1に相当する距離がある。ところが、エルニーニョによって太平洋東部の海面水温がわずかに変動することが、赤道一帯を巡る気圧配置のパターンに影響を及ぼし、遠く離れた地域間の天候まで変えてしまう。

図3-2 インドでの干ばつとエルニーニョ

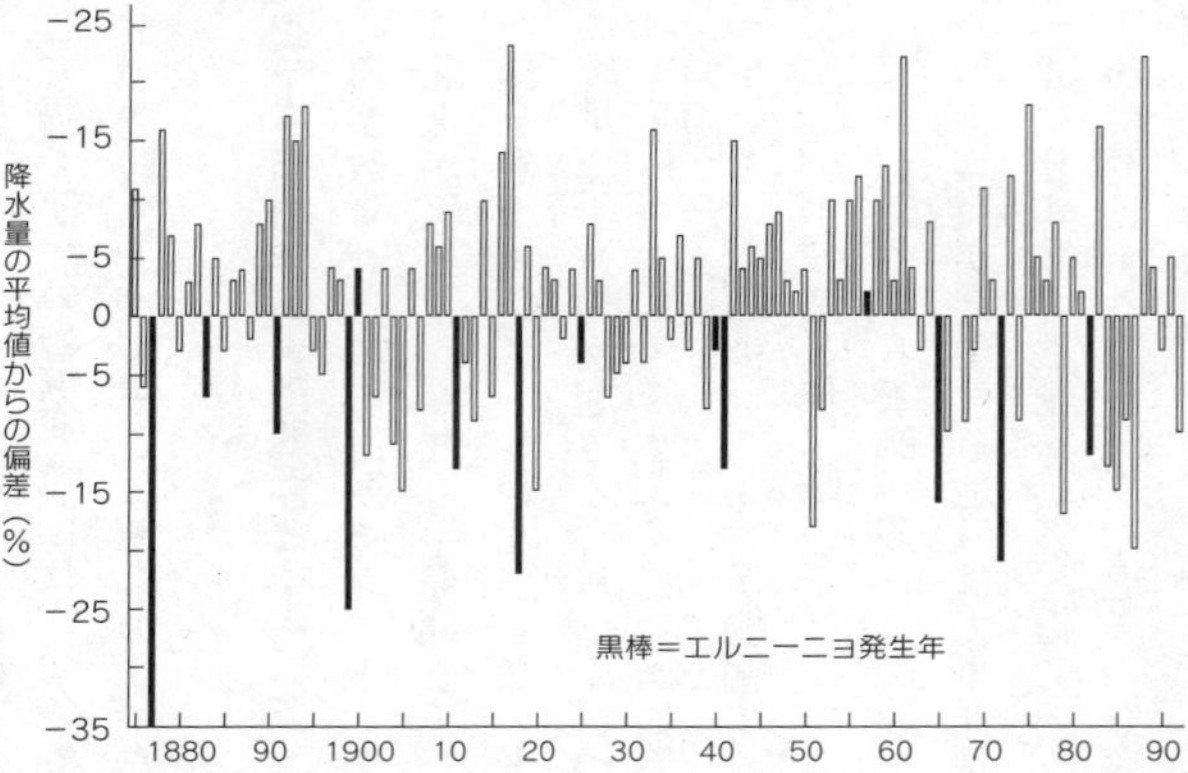

出典：Caviedes（2001）：History in El Niño. p.123.

どのような気候のメカニズムの働きで、太平洋東部の海面水温の上昇が遠く離れたインド亜大陸のモンスーンにまで関係しているのか。太平洋東部の海面水温の上昇、インド洋での海面水温の上昇、インド亜大陸の南西モンスーン、この３つの自然現象について１９９０年代後半に興味深い研究が発表されている。

１９９６年、プリンストン大学流体地学研究所のジョン・ランザンテは、１８７５年以降の海面水温と大気の流れについて北緯20度から南緯20度にかけての熱帯全域を分析し、太平洋東部、太平洋中央部、インド洋、大西洋東部の各海域での海面水温の変化には時間的なずれがあることに注目した。そして、エルニーニョの年に太平洋東部の海面水温が上昇すると、これに連動するように３カ月後に太平洋中央部の海面水温が上がり、さらにその３カ月後にインド洋でも海面水温が上昇するという一連の動きを確認している[10]。

さらに、１９９９年にランザンテと同じくプリンストン大学で雲量や水蒸気の循環を研究していたスティーブン・クラインは、「熱帯地方での大気のかけ橋」という美しい表現で仮説を提唱している。通常の年であれば太平洋西部のインドネシア付近に低気圧が発生し、この海域で積雲対流が活発化する。ところがエルニーニョの年になると、積雲対流は太平洋西部から中央部へと東に移動するため、東シナ海やインド洋の上空を覆う雲が減少してしまう。このため東シナ海やインド洋の海面の日射量が増え、平年より多く太陽からの熱を直接受けることで海面水温が上昇するという。これらの研究結果は、インド洋の海面水温が上昇すると夏のインド内陸部と海上との間での気温差が小さくなり、海陸風の効果が弱くなることで南西モンスーンの北上が抑制される可能性を示した[11]。

一方、海洋研究開発機構の名倉元樹研究員らは、２００３年に南西モンスーンには二つの成分があるとした。一つがインド洋東部海域では南東から吹く風が途中で南西風へと向きを変えるものであり、もう一つがインド洋西部海域からの最初から向きを変えずに流れる南西風である。そして、エルニーニョの年の場合は後者の要素が弱くなることで南西モンスーン全体の勢いが抑えられ、このことがインド洋の海面水温にも影響を与えているという[12]。

このようにエルニーニョが発生すると、半年程度の時間的なずれを経てインド洋のモンスーンの勢いを弱める気象状況がもたらされる。南西モンスーンの北上が抑制されると、インド亜大陸の季節的な降水量が激減し、干ばつが発生するケースが少なくない。スペイン人の征服者《コンキスタドール》の記録から推測した16世紀以降のエルニーニョ発生年表（第1章3参照）と照らし合わせると、前述したインドで発生した過去の大きな飢饉において、およそその半分強の事例がエルニーニョの発生年に起きたものである。特に18世紀末の死亡者数が膨大であった三度の飢饉を含め、被害が大きい飢饉の多くは、エルニーニョに由来する干ばつによると考えられる。[13]

モンスーンが発生する原理は冬と夏との間での大陸と海洋の温度差によるゆえ、熱帯域に海洋があり、その高緯度側に当たる亜熱帯から温帯にかけて大陸がある配置であれば、世界中のどこの地域でも成立する。インドの位置する南アジア・モンスーンだけでなく、東南アジアから東アジアにかけて太平洋西部からのモンスーンが吹いている。また、アフリカ大陸の東部ではインド洋から、反対側のアフリカ大陸西岸では大西洋から、そして北米大陸でもメキシコ湾から、南米大陸東側でも大西洋から、それぞれモンスーンは発生している。これらの地域のモンスーンもエルニーニョの影響を受け、世界各地の天候に異変を起こすことになる。

3 大飢饉（1876年〜1878年）

第6代インド総督・副王、ロバート・ブルワー・リットン伯爵

1859年のインド大反乱の後、インドは英国が直接統治する主要8州と諸侯が支配する500以上の藩王国に分割された。主要8州とはマドラス州、ボンベイ（ムンバイ）州、パンジャーブ州、ベンガル州、アッサム州、連合州、中央州、ビルマであり、最初の三つの州には知事が置かれた。これらの8州を中心とする地域が英国領インド帝国であり、インド全体の総面積の約55%、人口の約76%を占めた。

1858年に英国のヴィクトリア女王が英国領の国王を兼ね、英国政府でインド省が設置され、内閣にはインド担当大臣が任命された。現地には英国領全体を統括するインド総督・副王として、チャールス・キャニングが就任し、以後、インド総督は英国から派遣されることとなった。1876年4月12日、6代目のインド総督・副王として伯爵のロバート・ブルワー・リットン（1831−1880）が就任した。

ロバートは、小説家エドワード・ブルワー・リットン男爵の息子である。父親のエドワードは保守党の政治家であるだけでなく、才能豊かな小説家であり、ハリウッド映画にもなった『ポンペイ最後の日』を書き、戯曲『リシュリュー』の中で「ペンは剣よりも強し」

という名文句を生んだ人物だ。息子のロバートは外交官としての人生を歩むが、父親同様に文学への志向が強く、20代からオーウェン・メディシュというペンネームでバラード風の詩を書いている。なお、満州事変で国際連盟からの依頼を受けて調査したヴィクター・リットンは、ロバートの長男である。

ロバートは典型的な外交官であった。彼の主な関心事は中央アジアでのロシアとの衝突への対処という外交案件であり、内政は二の次と考えた。当時、ロシアは南下政策を取ってバルカン半島に侵入するとともに、アフガニスタンへも兵を派遣しており、英国としてはアフガニスタンの覇権争いが喫緊の課題とされていたのである。[14]

英国人ジャーナリスト、ウィリアム・ディグビ

ウィリアム・ディグビ（1849－1904）は、英国東部ケンブリッジシャーのウィスベック生まれのジャーナリストである。彼は故郷の広告代理店での見習いを経て、1864年から7年間、サセックスの広告代理店に勤務した。その後、インドで地方紙《セイロン・オブザーバー》という地方紙の編集助手に採用され、1871年に有力紙《マドラス・タイムス》の編集者となる。彼は行動的なジャーナリストとして、1876年に始まる大飢饉を現地でつぶさに取材していった。この時の大飢饉を、1878年に2冊分合わせて1000頁に及ぶ『南インドの飢饉政策：マドラス州、ボンベイ州、マイソール

地区』として出版している。1876年に始まるインド大飢饉についての第一級の歴史的資料であるこの大著は、英国人統治者の次のようなエピソードから始まる。

1876年の夏は降水量が少なかった。10月の終わり、マドラス統治委員会の委員であったロバート・エリスは委員のメンバーと高原の避暑地から戻る途中であった。タミル州クーノールで激しい豪雨に出合うとエリスは安堵し、「ようやくモンスーンの雨がやって来た」と周囲の人々に話しかけた。声をかけられた相手がモンスーンの雨ではないだろうと否定すると、エリスは絶望的に叫んだ。「もし、そうなら、これがモンスーンの雨でないとしたら、恐ろしい飢饉がやってくる!」。モンスーンによる降水であれば、干ばつのもたらした厳しさをすべて洗い流してくれるはずだった。しかし翌日、エリスの眼前に広がる風景は、乾いて草木が生えない荒れ果てた大地であった。エリスの期待は裏切られ、単なる一過性の雨でしかなかった[15]。

11月になると穀物価格は上昇傾向をたどった。一時的に雨が降ると価格は下がるものの、雨が止むと勢いを増して価格は急騰した。商人たちは大量の注文に対して売るのを渋った。デカン高原やタミル平原では、農民は干ばつで作物が育たないため、家屋や農機具を売り払って食糧を買い求めた。そして、農民が農業の生産手段を金に変えていたため、翌年の春にかけてわずかばかり降水があっても、食用の菜の花を植えることができず飢饉が拡大した。翌1877年の7月から8月にかけて膨大な数の餓死者を出していった。

マドラス州の死亡率は、10月から12月になると急上昇した。しかし、エリスの直感とは異なり、植民地の統治者は状況をまったく認識していなかった。同じ時期、マドラス州知事で公爵のリチャード・グランヴィルは、アンダマン諸島からスリランカ、ビルマまで休暇の航海を楽しんでいた。[16]

飢饉調査団長、ベンガル州副知事リチャード・テンプル

年が明けた1877年1月4日の午前、インド総督府のあるベンガル州カルカッタ（コルカタ）で飢饉協議会が開催された。集まったメンバーには、インド総督・副王のロバート・リットン、マドラス州知事のリチャード・グランヴィル、ボンベイ州知事のフィリップ・ウッドハウス、マドラス州副知事で同年4月にボンベイ州知事への就任が決まっていたリチャード・テンプルがいた。

会議は長引き、委員の誰もが必要な情報が集められていないことに苛立った。マドラス州の惨状ですらよくわからず、さらにインド亜大陸の南部の地域となるとほとんど状況がみえていなかった。一方で、財政面から必要以上の大きな支出を懸念する意見もあった。議論を主導したのは1876年からリットンの指名により英国領インド帝国統治委員会の財政担当委員に就任していたジョン・ストラチェイであった。彼は次のように発言し、テンプルを代表とする調査団の派遣を提案した。「リチャード・テンプルは飢饉対策につい

ての経験があり、同時にインド帝国の財政事情もよくわかっている」[17]

ストラチェイの言い方にはやや刺があった。テンプルは4年前の1873年から1874年にベンガル州に隣接するビハール州で発生した干ばつによるビハール飢饉において、積極的な救済活動を行った実績があった。ビルマから50万トンのコメを緊急輸入し、これを3億日分の食糧に分けた。救済が必要な村落の場所を確認するために、政府の役人が各地を回った。このため、飢饉による餓死者はごくわずかしか出ずにすんでいる。後年、19世紀にインド政府が実施した飢饉対策としてもっとも優れていたと評価されるものであった。

ところが、当時の評価は違った。救済策が英国人の目には浪費と映ったのである。緊急輸入されたコメが、結果的に10万トン余ったことが批判に拍車をかけた。英国の高級雑誌《エコノミスト》は、怠惰なインド人救済のために英国政府が大きな財政支出を伴う支援活動を実施する義務があるのかと、テンプルを非難した。この時点で、政治家としてのテンプルの将来に影が差していた。彼は、ビハール飢饉での汚名をすすぐ絶好の機会が来たと考えた。[18]

1月9日にテンプルはカルカッタを出発し、14日および15日にクーノールで最初の実態調査を行った。農作物は、綿花を含め平年と比べて激減しており、収穫が得られたのは灌漑用水が引かれた耕作地だけであった。平年であれば825ミリはある年間降水量が、

1876年には140ミリしかなく、干ばつの影響は91万2000人に及んでいた。さらにベラリーを通って半島部の中央を南下すると、クダッパでは人口135万人のうち20万人が救済を受けていると聞いた。1月22日から24日にかけて、人口225万人のタミール・ナードゥ州のマドゥライで会議を開いたところ、この地域の年間平均降水量が600ミリに対し、1876年には127ミリであり、域内で300ミリを超える場所はなかった。インド亜大陸西岸のマラーバルは降水量の多い地域であったが、それでも平年の3200ミリに対して2200ミリと7割しかなかった[19]。

英国領インド帝国政府は、リチャード・テンプルの調査団の派遣を決めた1877年1月に、次のような声明を出している。

「人間の生命は、あらゆる支出や努力を費やしても守られるべきものである。男も女も子供も、飢餓により死んではならない。たびたび襲ってくるに違いない災難、これらから人々を守り通すことはできない。われわれは努力を続けていければと思う。生命を守り最悪の事態を防止できれば、そのことに満足しなければならない」

しかし、財政支出が増えることに憂慮していた植民地インドの統治者たちが、飢饉対策に全力を注ぐことができたであろうか。

飢饉の死亡者は1000万人を超えた？

テンプルにとって、ビハール飢饉で受けた浪費家との非難が身に染みていた。1月の南部への飢饉調査において、救援活動に就く者が増加しないように彼らに支払う賃金を生活できる最低限の水準まで引き下げることを発案した。政府の支援がなければただちに餓死する危険な場合を除き、援助活動を行う者への賃金を25％削減したのだった。このテンプル賃金という発想には、飢饉に対しては政府を当てにせずに自助努力によって問題を解決すべきとの考え方が背景にあった。

テンプル賃金によってもともとの水準が引き下げられた上に、賃金そのものは穀物ではなく貨幣で支払われていた。このため、1876年の秋から1877年夏にかけてマドラス州などで穀物価格は2倍に上昇する中で、救援活動を行う人々は困窮し、救援活動を行う環境は劣悪になった。やがて、救援活動を行う人々のうち食糧を購入できない者は難民と化していった[20][21]。

リットンは大飢饉のために巨額の財政支出を行う気持ちなどまったくもっていなかった。リットンは飢饉に対して徹底した自由放任主義者であり、穀物価格を市場の動向に任せた。彼はアダム・スミス（1722－1793）の『国富論』第3巻第5章の論旨を愚直に信じていたのだ。そこには、凶作による飢饉を憂慮する必要はなく、自由な穀物取引こそが、食糧欠乏を防ぐ最良の対策である、と記されていた[22]。

インドでの鉄道網の整備は皮肉なことに、飢饉が始まった当初において農村部に残っていた食糧を高額で買い取る都市へと流す働きをした。汽車で輸送された穀物は、インドの港から英国にも輸出されていった。インドから英国への小麦の輸出量は1875年に7万7000トンであったのに対し、1876年に18万8000トン、1877年に35万2000トンと増加した。英国への食糧の安定供給を優先した結果である。インドからの輸出量が減少するのは1878年になってからで、10万5000トンへと前年比で3分の1以下に激減することになる[23]。

さらに、リットンをはじめとする統治者たちは、マルサスの『人口論』の影響を受けていた。マルサスは同書の中で、食糧が幾何級数的に増加するのに対して人口は等比級数的に増加するため、人口増加のもとでは食糧生産が間に合わないとの議論を提示した。そして晩婚により出生率を下げることが重要であり、産児制限は教育の普及により効果が出るとしている。マルサスは英国ハートフォードシャーにあった東インド会社カレッジの教授であり、インドの管理政策についても教えていた。彼は、アジアの国々の中でも人口増加圧力がもっとも厳しいのがインドであり、凶作になれば子供から大人まで恐ろしい飢饉に見舞われると突き放した見方をしていた。

植民地インドの統治者は、19世紀半ばから20世紀初頭に至るまで、こうしたマルサス主義に深く影響を受けることになる。統治者たちは、人口が急増するインドにおいて、戦争、嬰児の間引き、伝染病といった課題への対策は、英国本土と比較して重要度が低いとみた。飢饉は人口を抑制するためには有効な手段であり、飢饉への対策は益よりも害が多いとさえ考えた。

リットンは、まさにマルサス主義者であった。彼は1877年にインド立法参事会で、「インドの人口増加は農作物の増産よりもスピードがはるかに速い」と語り、飢饉は市場経済の中で解決すべきだと発言している[24]。

農村では餓死者が道端に捨て置かれ、その死体を野犬が食べる光景が至るところでみられた。インドの地方紙に飢餓や反乱の記事が掲載されるようになった。1877年の夏になると、モンスーンによる降水量が減少したことで飲料水が汚染され、コレラの流行が人口の密集した地域を直撃した。マドラス州では1877年までに150万人が死亡し、デカン地区やカルナカタ州ベラリーでは人口の4分の1が失われた。マドラス市は周辺地域からの難民が10万人を超えて溢れ返り、輸出用に積まれたコメを守る護衛兵の前で餓死する者も出た。

英国本国では、インドでの惨状を憂慮する声が出るようになる。フロレンス・ナイチンゲールはインドの統治者の無策を批判した。インド担当大臣のソールズベリは1877年にナイチンゲールに手紙を書き、財政資金が不足し腰の据えた救済はできないと説明した。とはいえ、ソールズベリもさすがにリットンの対応が厳しすぎるとの批判が気がかりになった。ヴィクトリア女王もインド大使館に向けて、「幸福、繁栄、福祉こそが大英帝国の目標である」とのメッセージを送った。しかし、リットンのマルサス主義は揺るがなかった。テンプルも飢饉への救済が財政赤字を起こすことを憂慮し、支出を拡大した場合に後で必要となる重税の方が飢饉そのものよりも問題だと答えた。[25] リットンやテンプルの立場では、できる限りの財政支出はすでに行っていると反論した。

1877年8月に飢えた難民が暴徒となり英国軍との衝突が起きると、ヴィクトリア女王は武力行使を望まないと公衆の前で語った。ここに至って、「インドのオリンポス山」と呼ばれていたヒマラヤ山麓に近い避暑地シムラーに滞在していたリットンは、英国王室への忠誠を示す必要を感じた。彼はシムラーから急遽マドラスに戻ると、すぐに半島部への視察を行っている。とはいえ、彼は「難民といっても、太って、怠惰であり、しっかりした体格の者ばかりが群れている」と話し、実施した追加策は食糧輸送の円滑化を促進する程度であった。[26][27]

モンスーンによる降水は1877年も乏しく、1878年の前半まで乾燥した日々が続いた。被害の中心であったマドラス州の人口統計をみると、人口1000人に対する死者数で示す粗死亡率が1877年春から急上昇している。1876年の月間13人前後から、1877年後半にはピーク時に月間100・2人となり、1878年になっても毎月70人から80人の高い死亡率を維持した。英国領インド帝国で実施された国勢調査では、

1871年時に人口増加率は3・30％であったのに対し、1881年時には0・03％とほとんど横ばいであり、1891年時に至っても0・90％と微増にとどまった[21]。

1876年に始まる大飢饉での死亡者数について、英国領インド帝国における公式の見積もりは、インド亜大陸全般での430万人に北西部とカシミールでの120万人を加えた、550万人である。一方で、ディグビが1901年に報告した推計では、マドラス州や北西部を合わせた地域で825万人、マイソールで110万、ボンベイ州で90万人、そしてデカン州ハイデラバードで7万人とあり、合計で1032万人であった[28][29]。

中国の場合――東アジア・モンスーンが弱まる時

1876年から1878年にかけてのインドの大飢饉について、モンスーンの不活発による干ばつという天災ではなく、インド総督のリットンをはじめとする統治者の失政という人災ではないかとの見方がある。インドでは交通網が整備されており、穀物は都市に輸送され、さらに食糧不足の中ですら英国まで輸出されていた。1873年のビハール飢饉では、ビルマのコメを緊急輸入することで飢餓は回避できた。こうした点から、物資の輸送をはじめとして適切な対応が取られれば、膨大な数の犠牲者は避けられたのではないかというものだ。

当地で取材したディグビをはじめとし、現代の米国人都市工学者マイク・ディヴィスまで、こうした意見は根強い。では1876年に始まった強力なエルニーニョに対して、人為的な措置で対抗できたのか。清朝末期の中国は、インドと同時期に起きた華北での干ばつに対して、できるだけの救援策を実施した。しかし、1840年から2年間の阿片戦争で英国に敗れて香港を割譲し、1850年から14年間に及ぶ太平天国の乱で2000万人もの犠牲者を出した後遺症が残る清にとって、エルニーニョによる自然災害はあまりにも大きかった。

19世紀半ば以降、清はもたつきながらも改革を実践していた。1860年代後半以降、毀誉褒貶はあるものの西太后のもとで、曽国藩や李鴻章が主導する洋務運動で国力を高めていた。「中体西洋」とのスローガンのもとで、中国の伝統を維持しつつ西洋技術を導入すべきという政策である。この改革のただ中にある清にエルニーニョが襲いかかったのであった。

東アジアのモンスーンは毎年春から初夏にかけて北上し、熱帯域の暖かい湿った空気を高緯度側に運ぶ。この時、高緯度側の冷たく乾燥した空気と接する地域で長期間雨が降り続くことになる。6月から7月にかけての時期で、中国では昔から Mei－Yu（梅雨）と呼ばれていた。この降水域が東に延びると日本列島でも梅雨の季節となる。中国での降水域がどこまで北上するかは、モンスーンの強弱にかかっている。モンスーンが強ければ雨の範囲は北部へと向かい、時に華北に大洪水をもたらす。一方、降雨域から外れる長江の南側では干ばつが発生する。反対にモンスーンが弱ければ降水域は長江の北側まで延びていかず、華北では冷夏で乾燥した夏が到来し深刻な干ばつになる。そして、長江の南側に暖かく湿った空気がとどまることで豪雨が続き洪水が起きる。

1876年の春から夏にかけて、エルニーニョの発生によって東南アジアのモンスーンは広東省と福建省までしか届かなかった。この二つの省で豪雨と洪水の被害が起きたのとは対称的に、秦嶺山脈の北側から朝鮮半島にかけては干ばつとなった。北京政府の認識は、インドでの英国の統治者と比べると早かった。6月22日に5歳の光緒帝が庇護者とともに巡幸し、干ばつの犠牲者や雨乞いの祈祷者を視察したとある。ただちに、河北省、河南省、そして山東半島での飢饉救済のために10万両が準備された。

飢饉は山東半島から、河北省、安徽省、江蘇省といった華北に広がった。河南省は、農業の収穫量が半分以下となったことで、開封市への難民の流入は7万人規模となり、渭河の周辺の40の町では平均して10万人から20万人が失われたと北京政府に報告した。死体は大きな穴に埋められ、その穴は「万人抗」と呼ばれた。死んだ子供は河川に投げ込まれ、衰弱した農民をオオカミが群れをなして襲いかかった。

北京政府は、華南のコメや満州の小麦を飢餓が広がる華北に送ろうとした。しかし、輸送システムがボトルネックとなった。中国国内の物資の大動脈は長江から黄河にかけての京杭大運河である。京杭大運河は春秋戦国時代であった２３００年以上前から開削が始まり、隋の煬帝の時代の６１０年に開通したもので、杭州から北京まで全長２５００キロメートルに及ぶ。ところが、干ばつによりこの運河の水位が劇的に下がり、小型船でしか年貢米を運べなくなってしまったのだ。

陸路の交通も滞った。英字紙《ノース・チャイナ・ヘラルド》は、山東省煙台市に食糧が山積みされても、３００キロメートル以上先にいる飢饉に苦しむ人々には何の助けにもならないと報道している。満州では華北に送るだけの小麦は生産されていた。しかし、当時の中国には鉄道網が整備されておらず、陝西省、山西省でも輸送が隘路《あいろ》となった。満州に鉄道が敷かれるのは日露戦争以後である[30]。

ウェールズの宣教師ティモシー・リチャードは、１８７７年の冬にもっとも被害の大きかった山西省を巡回中に、食人が平然と行われている光景をみて強い衝撃を受けた。農民は家屋を壊して金を捻出し、足りなくなると妻や娘を売った。街道沿いに捨てられた死体を食べるようになり、さらに子供が煮て食べられたとの話を耳にしている。食用にするために人が殺され、人肉が市場で売られていた。

１８７８年に東アジア・モンスーンは復活し、華北に雨をもたらしたものの、農業の収穫が戻るのは翌年の１８７９年まで待たねばならなかった。飢饉が続く中でチフスも流行し、１８８０年の両広総督の曽国荃による公式文書には、災難にあった地域の人々の６割から８割がチフスに罹ったとある。伝染病の流行が死亡者増大に拍車をかけた。１８７６年から１８７９年にかけての華北大飢饉での飢餓と伝染病による死亡者数は、９００万人から１３００万人と見積もられている[31][32]。

北京政府は華北大飢饉に際して、膨大な数の難民を救援するため、できる限りの財政支出を行った。当時、中国全土から得られる毎年の歳入は１６５５万両であり、うち被害のあった華北五省からの歳入は１０７万両であった。歳入全体の86％は地租の徴収によるものので、飢饉前の１７７０年代前半まで、歳出額のおよそ4分の3は内乱鎮圧のための軍事費に充てられていた。１８７６年からの３年間、北京政府は緊急措置として18万両を被害地に送り、さらに物資購入のために２６２万両を支出した。財源がなくなると、１８７７年と１８７８年の税関収入を担保に差し出して香港上海銀行から高い金利で借り入れを行った。このことも財政ひっ迫に拍車をかけ、１８７９年に北京政府は完全に財政破綻した[33][34]。

北京政府の努力にもかかわらず、被害を終息させるには干ばつの終わりを待つしかなかったのだ。そして、華北大飢饉により背負った膨大な負債により、太平天国の乱以降、洋務運動によって立ち直りつつあった最後の改革も挫折してしまう。政府の混迷は１８８０年代になっても収まらず、やがて19世紀末に再びエルニーニョが到来し、厳しい飢饉が再来することになる。

4 世紀末を襲った飢饉（1896年～1902年）

第10代インド総督・副王、ヴィクター・エルギン伯爵

1876年に始まった飢饉への英国領インド政府の対応について、ディグビが批判をこめた報告書を出版し、ナイチンゲールらがタイム紙に意見記事を掲載したことから、英国本土でも世論が喚起されていった。それまで飢饉対策は各州主導で行われており、干ばつ対策に重要な灌漑施設の整備も州政府の役割であったのに対し、1878年にはインド全域をカバーする飢饉委員会が開催され、ジョン・ストラチェイの兄のリチャード・ストラチェイが委員長となった。

そして、飢饉救済保障基金が設立されることになる。インドの統治者は基金を運営することで、財政的な問題を回避しつつ、飢饉による被害者の増大を抑えることができると考えた。財政支出の面でも、基金によって鉄道網を充実させることで、ビルマで生産される膨大な量のコメをパンジャーブ地方やインド北西部まで輸送できるとの具体的な方策も立案された[35]。

実際、1888年から1889年にかけての飢饉の死者数は15万5000人にとどまり、被害もオリッサ州ガンジャム県に限られた。また、1891年から1892年にはエルニ

ーニョ由来の干ばつが発生し、マドラスで年間降水量が15%減少し、ハイデラバードでも同じく25%減少しているが、それでも死亡者数は公式発表で４万５０００人程度でしかなかった。

英国の統治者は飢饉への対応に自信を深めた。しかし、１８９６年から１９０２年にかけて連続して発生した強いエルニーニョは、はるかに大きな気象災害をもたらした。１８９６年、エルニーニョの発生により夏のモンスーンによる降水量が激減し、翌年にかけてインドの広い地域で干ばつが始まった。１８９６年から１８９７年にかけて、インド西部のボンベイ州およびデカン高原での農産物は平年の34%、南西部のカルマータ州では25%しか収穫できなかった[36]。

この時のインド総督・副王は、17世紀から伯爵位を得ているスコットランド出身の名門貴族のヴィクター・エルギンであった。エルギンのもとでは、ビルマのコメをインドの飢餓地帯に送るという計画は実行されなかった。エルギンはリットンと同じく、市場について自由放任主義であるべきとしたのである。１８９６年夏を過ぎてからの穀物価格の上昇に対しても、基金による支援が実施されると需給関係から決定される「正常な価格」から外れ、市場取引が損なわれると考えたのだ。彼は、急騰する取引価格を抑える施策を禁止した。商人たちは取引価格の高い地域に穀物を運ぶ行動を取った。英国本土では１８９５年に穀物が不作であり、長く続いた大不況が終わるにつれて物価が上昇しつつある時期であった。このためビルマのコメだけでなく、マドラス州で生産された穀物も飢饉のただ中にあってもヨーロッパに輸出され続けたのである。自由市場のもとでは、たとえ商品があったとしても、購買力のある地域にしか運ばれない[37]。

1876年に始まる大飢饉の最中にあって、リットンの最大の関心事はアフガニスタンを巡るロシアとの外交案件であった。エルギンの場合、1897年6月20日に英連邦全土で開催されるヴィクトリア女王即位60周年記念式典こそが取り組むべき大きな課題であった。19世紀初め、英国国王ジョージ四世には子供がいなかったため4人の弟に王位継承権が回り、ウィリアム四世が王位を継いだ。ところが、ウィリアム四世も子供が成人する前に死んでしまったため、姪に当たるケント公の娘のヴィクトリアがジョージ四世の血を引く唯一の人物として、1837年に18歳で連合王国たる英国の国王となる。ヴィクトリア女王は即位時にメルバーン子爵、そして1860年代以降になるとベンジャミン・ディスレリーといった首相に国政を任せ、「君臨すれども統治せず」との立憲君主制を確立した。ヴィクトリア女王の政治は「大英帝国」が繁栄した時代とされ、彼女の即位60周年は英国連邦全体での一大慶事であったのだ。

国民の不満、被害の拡大

記念式典に対するインド国民の不満は、統治者に向かう徴候があった。1897年6月

22日、政府公館で開催された式典から帰宅する途中の伝染病特別委員会議長W・C・ランドは、チャピーカー兄弟によって狙撃され死亡した。チャピーカー兄弟の出身地マララシュトラ州のプネーでは1896年末から飢饉による穀物価格の上昇に加えて、腺ペストが流行しはじめていた。1897年5月になると腺ペストの猛威は蔓延し、チャピーカー兄弟と2人の仲間は伝染病対応の責任者を標的にしたのである。チャピーカー兄弟はただちに捕らえられ、絞首刑となった。

膨大な支出を伴う記念式典が飢饉の中で挙行されたことについては、当時、他国のマスコミから批判を受けた。米国誌《コスモポリタン》は1878年7月号で、中央州での飢饉の惨状と記念式典の写真を並べ、編集者は式典のために当時の金で1億ドル以上の支出がなされたと記事にしている[38]。

飢饉の被害をみると、救援活動が滞ってコレラ、天然痘、そしてマラリアといった伝染病が広がった中央州と西部のボンベイ州で大きかった。1895年以降、穀物価格は少雨により上昇気味であったところ、1896年秋に干ばつが明らかになると1897年後半に向けて2倍に上昇した。穀物価格の上昇から3カ月程度遅れて、死亡率も急騰し、1897年末にピークを迎えた。

中央州およびボンベイ州における人口1000人当たりの死亡者数をみると、1891年から1895年の平均が中央州で33・86人、ボンベイ州で29・84人であるのに対して、

1897年には中央州で68・34人と2倍以上になり、ボンベイ州でも39・84人とおよそ3割増加している[21]。

インドでの飢饉での死亡者総数について、政府の飢饉調査委員会は、飢饉がインドの広範囲に広がったことで正確な数字はつかめなかったとしている。これに対してディグビは、独自の情報から推定しており、1896年に120万人、1897年に265万人、そして少雨であった1895年の120万人を加えると、3年間の少雨と干ばつによる死者の合計は565万人とした[39]。

1898年に降水量は平年に戻り、穀物価格も年の半ば以降になると1886年時の水準まで急落した。救援活動が不十分であったと批判を受けたエルギンは、1899年1月に英国へと帰国している。インドの飢饉は終わったかにみえた。しかし、同じ年の春になるとエルニーニョが再発し、またしても干ばつがインドを襲うことになる。

第11代インド総督・副王、ジョージ・カーゾン男爵

1898年夏、植民地の統治にほとんど関心を示さなかったエルギンに継いでインド総督に指名されたのが、21年後に侯爵位を得る当時男爵のジョージ・カーゾン（1859－1921）であった。1899年1月にカルカッタに着任したカーゾンは、リットンと同じく外交に注力した。最大の政策課題をインド北西部の国境問題だとし、1901年にア

フガニスタンに接する地域を北西辺境州に格上げし、英国領インド政府の関与を強化した。また、中央アジアへと勢力を伸ばすロシアを牽制するためにペルシャと貿易を開始し、さらにチベットまで調査団を派遣している。こうした外交案件に対しては情熱を傾ける一方、内政についてはそれまでのインド総督同様に冷淡であった。

1899年春、前年同様に南西モンスーンが到来し、平年通り雨が降りはじめていた。アッサム地方で洪水が発生したことに着目し、インド気象局は5月の降水量は平年以上になると予想した。ところがエルニーニョの影響により6月になると、突然、雨は止んでしまう。夏になっても大地は乾いたままであった。インド気象局は、秋になればモンスーンによる雨が戻ってくるはずだと統治者に伝えたが、この予想も外れた。

1899年から1900年にかけての干ばつで被害を受けた地域は、半島部からガンジス川流域の北西部からヒマラヤ山麓まで、インド全土の73%に及んだ。1903年の飢饉委員会の報告によれば、1899年から1900年にかけてのボンベイ州やデカン州の収穫高は平年の12%しかなく、カルマータ州では16%、グジャラート州ではわずか4%しかなかった。断水によりボンベイ州とデカン州の灌漑システムのおよそ3分の2が壊れた。この結果、ボンベイ州では1899年の夏以降、それまで1895年のころよりも低く推移していた穀物価格が上昇に転じ、年末には1897年の飢饉のピークと同水準に達した。中央州でも同様で、穀物価格は夏前から上昇に転じ、1899年末には1897年秋と同

じ水準となり、以後1900年の末まで高値で推移することとなる。[21][40][41]

カーゾンの対応は鈍かった。財政支出を抑制するために、テンプル賃金を持ち出して救援活動をする人々の賃金の削減を画策した。地方の行政当局において、難民が暴徒となり、その鎮圧への費用が増していたため、飢饉対応への財政支出が抑えられることになり、救援活動はさらに滞った。

飢饉に加えて伝染病も広がった。1900年4月にコレラが流行した。同じ年の夏にエルニーニョが終わりモンスーンによる雨が復活すると、今度はマラリアがインド全土を襲った。マラリアの流行は、気温と降水量の変動によって発生する。気温が低く降水量が少なければ、インド亜大陸の北部や山間部まで広がることはない。しかし、急に降水量が増えるとマラリア原虫の媒介であるハマダラカが大発生する。そして、耕作地に戻った農民をハマダラカが刺すことで伝染病はインド全土に蔓延していく。干ばつから降水量が回復する時期が危ないのだ。

1867年から1943年までの77年の間、21年でエルニーニョが発生しており、北西部のパンジャーブ州ではこのうち10年でマラリアが流行している。これに対し、エルニーニョの起きなかった56年では、同地方でのマラリアの流行は6回しかない。1878年、1898年と同様に、エルニーニョが発生した1900年にマラリアがインド全土で大流行したのであった。[42]

1899年から1901年の死亡者合計について、飢饉委員会の調査では125万人と報告している。一方でウィリアム・ディグビは委員会の数字を過小だとし、3倍から4倍はあるだろうと述べている。彼自身は控え目な見積もりとしつつ、1900年にカシミールからマドラスまで広い範囲で犠牲者の合計が250万人、1901年のデカン州、マドラス州、ボンベイ州での75万人を合わせて325万人という数字を挙げている。[43]

5　英国人科学者の奮闘—モンスーンの到来を予測できるか?

英国の統治者はインドの飢饉対策について財政面から常に後手に回ったものの、モンスーンによる降水量の変動という飢饉の原因には大きな関心を寄せていた。モンスーンの強弱を予想できれば、より効率的な飢饉対策ができるに違いない。この課題はインド気象局の科学者が背負うことになった。

インド気象局初代観測部長、ヘンリー・ブランフォード

ヘンリー・フランシス・ブランフォード(1834−1893)は、ロンドンのインペリアル・カレッジにおいて、英国地質学調査所の創設者ヘンリー・デ・ラ・ビーチのもと

で学んだ。その後、フンボルトが通っていたフライブルク鉱山大学で学生生活を過ごし、1855年にインド地質調査所に赴任した。ブランフォードは、1862年からカルカッタのプレジデンシー大学で科学の教授に就任し、1864年に沿岸に7万人の被害者を出したサイクロンに関心をもった。そして、地質学研究の野外調査で身体を壊したことを契機に、彼は気象学の研究に入っていった[44]。

1865年にベンガル州気象局の仕事に就き、1875年にインド全土の気象を所管するために設立されたインド気象局において観測部長となる。その翌年、大飢饉をもたらす干ばつが発生したのである。そして1877年、彼は飢饉委員会から干ばつ発生を予想するようにとの課題を与えられた。

ブランフォードはまず広範囲な観測網の構築が必要だとし、インド全土だけでなくユーラシア大陸からオーストラリアまで大英帝国内にある気象観測所のデータの収集を行った。1850年代に米国海軍に勤務していたマシュー・フォンテーヌ・マウリーは、航海上での風と海流の動きについて船員からの報告をまとめていた。ブランフォードは気象観測網の重要性を認識し、大陸と海洋全般の幅広い地域での観測データを分析することでモンスーンの予測ができるのではないかと考えたのだ[45]。

ブランフォードの研究は、1880年の飢饉委員会の報告書に掲載されている。彼はインドの干ばつと同時期にオーストラリアでも干ばつが起きており、この二つが同じ気象現象によるものであろうと仮説を立てている。また中国北部の干ばつについて、干ばつが起きる地域は平年よりも高気圧に支配されたためであり、年ごとに広い範囲で高気圧と低気圧の配置がシーソーのように揺れ動くことが背景にある、との見解を示した[46]。

さらにブランフォードは、ヒマラヤの降雪量についても調査した。彼はヒマラヤからチベット高原の積雪面積が南西モンスーンのもたらす降水量を予測する鍵ではないか、と仮説を立てた。エドモンド・ハレーはモンスーンの発生する原理を、大陸と海洋との寒暖の差であるとした。であれば、高原地帯の積雪の広がりと厚さが気象現象に影響を与えているとみたのだ。

ブランフォードの仮説は科学的に正しい方向にあった。1882年からモンスーン予測の予備調査を行い、1885年にヒマラヤ西部の春の降雪が平年よりも遅くまで続き積雪が多かったことから、その年の夏の降水量が少なくなると発表し、予想を的中させた。この実績により、ブランフォードは1886年にインドからビルマまでの降水量についての中期予報を開始した[47][48]。

ところが当時のヨーロッパでは、モンスーンの強弱について、別の理論が席巻していた。

太陽黒点説――ウィリアム・ジェボンズとノーマン・ロッキヤー

1852年、スイスの天文学者ルドフル・ウォルフが太陽黒点の変動が11年周期をもっていることを発表して以来、この周期性を他の自然現象に関連づけ、さらに経済動向にまで結びつける発想が広がっていた。

英国リバプール生まれの経済学者ウィリアム・スタンレー・ジェボンズ（１８３５－１８８２）は、１８６０年代から景気循環について研究を続けていた。彼は若いころから天文学に関心を示し、オーストラリアに赴任した際には毎日空を眺め、雲の絵を日記に書いていたという。自然現象と景気循環を結びつけ、１８７５年に論文「太陽黒点と穀物周期」を発表し、両者がともに10年半という周期で変動しており、そこに因果関係があると主張した。

ジェボンズは、論文の中で次のような仮説を立てている。「ある年の収穫の成功は、たしかに天候とりわけ夏と秋の何カ月かの天候に依存する。そこでこの天候が何らかの程度で太陽周期に依存しているのであれば、収穫と穀物価格とは多少とも太陽周期に依存することになり、したがってそれらは太陽黒点の周期と等しい周期をもって変動することになる」[49]

本章１で触れたように、今日、景気変動の10年周期とは、生産設備への投資とその陳腐化がおよそ10年のサイクルによるためと考えるのが一般的だ。しかし、現代でも景気予測の中で稀に太陽黒点説が登場することがある。検証不能だからこそ、仮説としては捨て切れない面が残っている。

1870年代初頭に太陽黒点と世界各地の干ばつを結びつける考え方が英国を中心に数多く出た。太陽黒点が最大の時に干ばつが発生するというもので、代表格としては、イングランド北部のウォーリックシャー州ラグビーで生まれた天文学者ノーマン・ロッキャー（1836―1920）と、スコットランドのグラスゴー出身の統計学者ウィリアム・ハンター（1840―1900）がいた。1877年11月というインドの大飢饉の最中、両者は太陽黒点の11年周期とボンベイの降水量の間に十分な一致があるとの論陣を張った。[50]

英国陸軍に勤務していたノーマン・ロッキャーは、1865年に太陽の分光法を研究し、太陽の中にそれまで未知の元素であったヘリウムが存在することを分析している。地球上でヘリウムが発見されるのは1895年である。そして、1869年に科学雑誌《ネイチャー》を創刊し、死の直前まで編集長の地位にいた。彼の太陽黒点説は《ネイチャー》により多くの人々の間で広まっていった。ブランフォードの報告にある気圧のシーソーについても、太陽黒点のもたらした影響で、ある地域の気圧が下がり、バランスを取るように他の地域の気圧が上がるものだと説明し、あくまで本源的な原因は太陽黒点の変動にあると主張したのである。[51]

しかし、ブランフォードは、太陽黒点の変動は1876年からの干ばつを起こす原因としてはあまりに小さいのではないかとして、当初から懐疑的であった。そして1890年代になると、太陽黒点と干ばつの関係の実際についてつじつまが合わない観測結果が報告されるようになる。ロッキャーは太陽黒点が多い時に干ばつが発生すると考えたのに対し、気候区分で著名なドイツ人の気候学者ウラジミール・ケッペンは、太陽黒点と気温の関係は逆であり、太陽黒点が少ない時にこそ熱帯地方の気温が高くなり干ばつが発生するのではないかと反論した。様々な異論が噴出したことで、太陽黒点説は劣勢に立たされていった。[52]

第2代観測部長、ジョン・エリオット

かくして、モンスーンの変動についての研究は振り出しに戻った。ブランフォードに継いでインド気象局の観測部長に就任したのが、ジョン・エリオット（１８３９－１９０８）である。イングランド北部のダラム州ラムズレーに生まれたエリオットは、教師の息子であったものの大学入学は遅く、26歳にしてようやくケンブリッジ大学セントジョン・カレッジの門をくぐった。とはいえ、１８６９年に2番の成績で卒業し、同大学で理論物理や数学の分野で優秀な学生に贈られるスミス賞受賞者《スミス・プライズマン》となっている。卒業後はインドに赴任し、インド北部のイラーハーバードにある工科大学などで数学の教授となり、１８７４年にカルカッタのプレジデンシー大学の物理学教授に就任した。エリオットは大学の教員時代から気象に関する報告書をベンガル州に提出しており、１８９３年にブランフォードが58歳という当時でも比較的若くして亡くなると、その後継者に指名されること

になった。[53]

エリオットは、ブランフォードの研究成果をさらに進める形でモンスーンの予想を進めた。10月から5月にかけてのヒマラヤでの積雪面積や、インド亜大陸でのプレ・モンスーン期の局地的な降水状況、インド洋からオーストラリアにかけての地域での平年からの偏差を初期値として予測手法の改良に努めた。インド洋の熱帯域からの湿った空気が南西モンスーンに乗ってインド亜大陸に侵入すると豪雨が起きると、彼は論文の中で明解に示した。ヒマラヤでの積雪に加え、インド洋の海面水温の動向に注目しており、今日的にみて正しい予測方法に向かっていた。そして1895年から、インド全土を対象とした降水量の中期予報を開始した。[54]

エリオットは、「ベンガル湾のサイクロンについてのハンドブック」を出版し、地域の商人や船員から尊敬を集め、1895年には現存する世界最古の科学協会であるロンドン王立協会の会員にも選ばれた。1899年にインド気象局観測部長に就任し、科学者として順風万帆の道を歩んでいた。ところが、この年の中期予報は本章4で述べたように最悪であった。平年よりも降水量は多いと予測し、6月にモンスーンによる降水が止まった後も秋までに必ず雨が降ると自らの予報に固執したため、信頼を失墜してしまう。1899年春先の降水量が多かったことに幻惑されたのだ。エリオットは新聞紙上で激しく非難され、インド全土の降水量についての中期予報がマスコミに掲載されることはなくなった。

1903年の年末をもってインド気象局の観測部長を辞任し、英国に帰国することになる。[55][56]

第3代観測部長、ギルバート・ウォーカー

エリオットの後任の観測部長としてギルバート・ウォーカー（1868－1958）が指名された時、関係者の多くが驚いたという。ウォーカーは数学者であり、物理の分野では電磁気学を専門にするにすぎず、気象学について門外漢であったからだ。

ウォーカーは英国ランカッシャーのロッチデールで、エンジニアであった父親の7人の子供のうちの4番目にして最初の男の子として生まれた。13歳でロンドンのセントポール大学の奨学生の権利を得て、1884年に16歳で大学入学資格を取るとセントポール大学で数学を学び、翌年にケンブリッジ大学トリニティ・カレッジに移った。仲間内では、彼はブーメランの名手として知られていた。1880年代にオーストラリアを訪問した際に、ウォーカーは先住民のアボリジニの玩具が気に入り、学生時代にケンブリッジ大学構内でブーメランを投げる毎日であったため、「ブーメラン・ウォーカー」とのあだ名をつけられていた。

とはいえ、大学院に進むと何度も成績優秀者として表彰され、数学科の卒業試験において1番の成績を取りシニア・ラングラーの称号を受けた。1891年からトリニティ・カ

レッジの研究員となり、１８９３年に修士号を取得し、１８９５年には大学で数学を教えていた。この数学者としてのキャリアをもつ男が、１８９５年にエリオットの助手としてインドに赴任したのである[57]。

ウォーカーは、自身が気象学の専門家でないことは十分に自覚していた。観測部長に着任するなり、第一級の気象学者を助手に配置して部署を固め、インド気象局の観測網や天気予報の手順を整備していった。ウォーカーは組織管理の面に長けていた。一方で、植民地インドの統治上の大きな課題であるモンスーンの予測について、前任者のブランフォードやエリオットが気象学者として続けてきたやり方を改良するには、自分自身に能力がないと自覚していた。彼はノーマン・ロッキャーが《ネイチャー》69号（１９０４年）に書いた記事からヒントを得た。そこには、「気象学であれ天文学であれ、究明すべきサイクルがある。もし、平均的な状態から極端な現象に動くのであれば、それを把握し、研究し、記録し、そしてどんな意味があるかを考えるべきだ」とあった[58]。

ウォーカーは物理学の問題を解くのではなく、数学者としての専門分野である統計的な手法によって課題を解決しようとしたのである。研究の出発点として、太陽黒点と気圧、風、そして降水量の関係というロッキャーの仮説の検証を行っている。ウォーカーは１９２３年の論文「気象現象の季節変動における相関　その8」の中で、太陽黒点数の多寡と19世紀半ばから20世紀初頭までの30年以上に及ぶ世界各地の気候の相関係数を計算した。そして両者の間で明確な関係がないとし、太陽活動の変動が、広い地域の気象現象に影響を及ぼしているとの考えに疑問符がつく、と結論づけた。[59]

同時に、彼は世界各地の気象現象の相関関係や相関の時間的なずれへと研究を進めた。相関関係がみつかれば、経験的な視点でモンスーンの予測ができるのではないかと考えたのだ。すでにブランフォードは1876年からの大飢饉にあたって、中国北部とインドの干ばつに関係があり、これが高気圧と低気圧の配置がシーソーのように動いているからではないかとの仮説を立てていた。この発想を引き継ぐように各国の研究者から論文が発表されていたからである。

成層圏の存在を発見したフランス人の気象学者レオン・ティスラン・ド・ボールは、1883年にヨーロッパの冬期におけるおおまかな気圧配置を研究し、アゾレス諸島とロシアの高気圧、そしてアイスランドの低気圧の位置の変化に注目し、気圧配置の違いによってユーラシア大陸の積雪量などの気象現象が変わると発表した。ド・ボールの論文に刺激されたスウェーデンの気象学者ヒューゴ・ヒルデブランドソンは、1897年にブエノスアイレスとシドニー、シベリアとインド、アイスランドとアゾレス諸島といった2地点間の気圧にシーソーのような相関関係があることをみつけた。また、ノーマン・ロッキャーとその息子のジョン・ロッキャーは、1902年にインドと南米の間で同様の気圧のシーソーがあると考えた。ウォーカーはこれらの先駆的な研究を引き継ぎ、世界各地の気象

を統計の手法を用いて定量的に処理することで、モンスーンに迫っていく方針を取った。[52][60][61]

19世紀半ば以降、マウリーやブランフォードが利用したように世界各地の気象データが整備され、膨大な数の数字の羅列を利用することができた。ウォーカーは、これらのデータの山から相関関係を発掘しようとしたのだ。統計的手法といっても計算方法は四則演算の域を出ず、今日であれば表計算ソフトを使えばたちまち答えが出る。しかし、手で計算するとなると気の遠くなるような時間が必要となる。第1次世界大戦が起きると、インド気象局に勤務していた科学者の枢要スタッフの多くが軍役に就いたため、局内には管理者のいない下級職員がインド人を含め数多く残った。ウォーカーは、下級職員たちにひたすら手作業による計算をさせ続けたのである。[62]

同時にウォーカーは、自分が用いた手法の限界をしっかり認識していた。気象現象を予測する科学《サイエンス》というよりも各地のデータから経験的に予兆を探すという点で、芸術《アート》に近いものだ。ある地点のデータが別のどの場所と関係があるか理論的な背景はまったくわからず、2地点間の組み合わせも何らかの勘に頼る部分がある。しかし、数学者出身のウォーカーにはこの方法しかなかったのであった。

モンスーン予測と南方振動

ウォーカーは1909年以降、何度もインド気象学会誌に「気候の季節変動の中での相関」というタイトルで論文を発表し続けた。1910年に最初の研究成果として、四つの気象観測データからインドでの降水量を予測する回帰分析の予測式を発表している。ウォーカーはその後も研究を続け、1924年になってようやく緻密な予測式にたどり着いたのであった。同年12月をもって観測部長を辞任し、インペリアル・カレッジの気象学教授に就任するため、英国に帰国している。ウォーカーが観測部長を辞任した年に発表した論文「気候の季節変動の中での相関―モンスーンによる降水地域」での予測式は、次のようなものになっている。

インドを半島部と北西部の地域に分け、季節についても夏のモンスーンによる降水量と冬の降水量に区分して計算を行う。そして、それぞれの予測式に投入する気象データを変えている。半島部の6月から9月の降水量については、アフリカ大陸南部の南ローデシアでの前年10月から4月の降水量、南米大陸の4月から5月の気圧、米国アラスカ州ダッチハーバーの12月から4月の気温、そしてジャワ島での前年10月から2月の降水量である。一方、インド北西部については、南ローデシアの前年10月から4月の降水量、南米大陸の4月から5月の気圧、米国アラスカ州ダッチハーバーの12月から4月の気温、赤道一帯の1月から5月の気圧、そしてヒマラヤでの5月の積雪量とした。このような予測式の結果として算出される数値により、インドの降水量の多寡を導き出そうとしたのである。

ウォーカー自身はもちろん、干ばつ発生の予兆を探す気象データをこれら五つないし六つの観測データに特定しようとは考えていなかった。インド気象局を離れるに際して、絶えず予測結果を検証し、より説明力のある気象データに置き換えるように指示を残した。

しかし、1940年、1945年などで予測式の改善が図られたものの、肝心の予測が当たる確率は芳しくなかった。1929年から1947年にかけてのモンスーンによる夏の降水量について、半島部で当たった確率はおよそ6割しかなく、インド北西部においてはわずか2割であった。インド北西部では、ヒマラヤでの積雪量の相関が悪かったのだ。とりわけ30年間のうち、降水量の少ない場合という予測の目的からして極めて重要な年（半島部で4年、インド北西部で7年）の予測において、外れる確率が66％に上った。1950年代には、ウォーカーの考え方に立つ予測式をどのように改良すればよいのかが真剣に議論されている。地上の気象データだけでなく、大気上空の高層気象データを用いれば的中率が向上するのではないか、といった改善策が提案されるようになっていた。[55]

それでは、ウォーカーが気候学に残した業績、そして金字塔とは何であったか。ヒルデブランドソンらは、アゾレス諸島とアイスランド、北太平洋のホノルルとアラスカといった2地点での気圧のシーソーをすでに発見していた。ウォーカーは世界各地の気象現象相互の相関関係を調べるうちに、太平洋の東西の気圧に強い相関があることをみつけ、この関係を降水量に結びつけたことにある。[62]

ウォーカーが示した南方振動という考え方は、太平洋の東西での大気循環を立体的に示すものであった。太平洋東部に高気圧がある時、上空から空気が下降し、降りてきた空気は海面近くでは西側に進み、インドネシア周辺で上昇流となる。上昇した空気は大気上層で東に向かう。この太平洋の東西での大気の循環が南方振動の源であり、後に彼の名前にちなんで、ウォーカー循環と命名された。そして、ウォーカーの論文が出た45年後、ウォーカー循環がエルニーニョと密接な関係があるとの事実が学術的に明らかになる（第5章1参照）。

6 新しい植民地主義の到来

このように科学者の努力にもかかわらず、19世紀後半においてモンスーンの予測は一向に進まなかった。しかし、自然現象は待ってはくれない。エルニーニョによる干ばつに見舞われたアジアやアフリカといった国々に対して、欧米諸国は新しい形での植民地支配を強化していった。

インドの民族運動への英国の弾圧

１８７０年代、リットンの統治政策を批判した文官に、スコットランド出身のアラン・オクタヴィアン・ヒューム（１８２９－１９１２）がいた。彼は東インド会社大学を経て、ロンドン大学病院で医学を学び、１９４９年にインドに赴任した。インドの英国政府の中で順調に地位を上げていったものの、リットンがインド総督であった時代に地代政策を批判して農業改革を提言したため、リットンによりインド政府の国務長官の地位を解任されてしまう。

１８８２年に英国政府の役人を辞職したヒュームは、以後、カルカッタ大学の卒業生に公開書簡を書き、インド人の指導者層との連携を深めていった。彼の努力は１８８５年12月のボンベイでのインド国民会議第１回大会に結実する。１８９２年にインド参事会法が制定され、構成員の比率としてはわずかであったものの、インド人の施政への参加の道が開かれた。

しかし、英国の統治者は民族運動に敵対的であった。１８９６年に始まる飢饉において、インド国民の目には英国政府の無策が明らかとなり、飢饉への対策を含めて国の運営という観点でインド人による自治の拡大が声高に主張されるようになっていた。

民族運動の萌芽に、英国の統治者たちは敏感に対応した。公式な犠牲者数は常に少なめに発表され、１９０１年の飢饉委員会の報告書において、災害に見舞われた人々の５分の

図3-3 1876年以降のインドでの主な飢饉（地域と発生年）

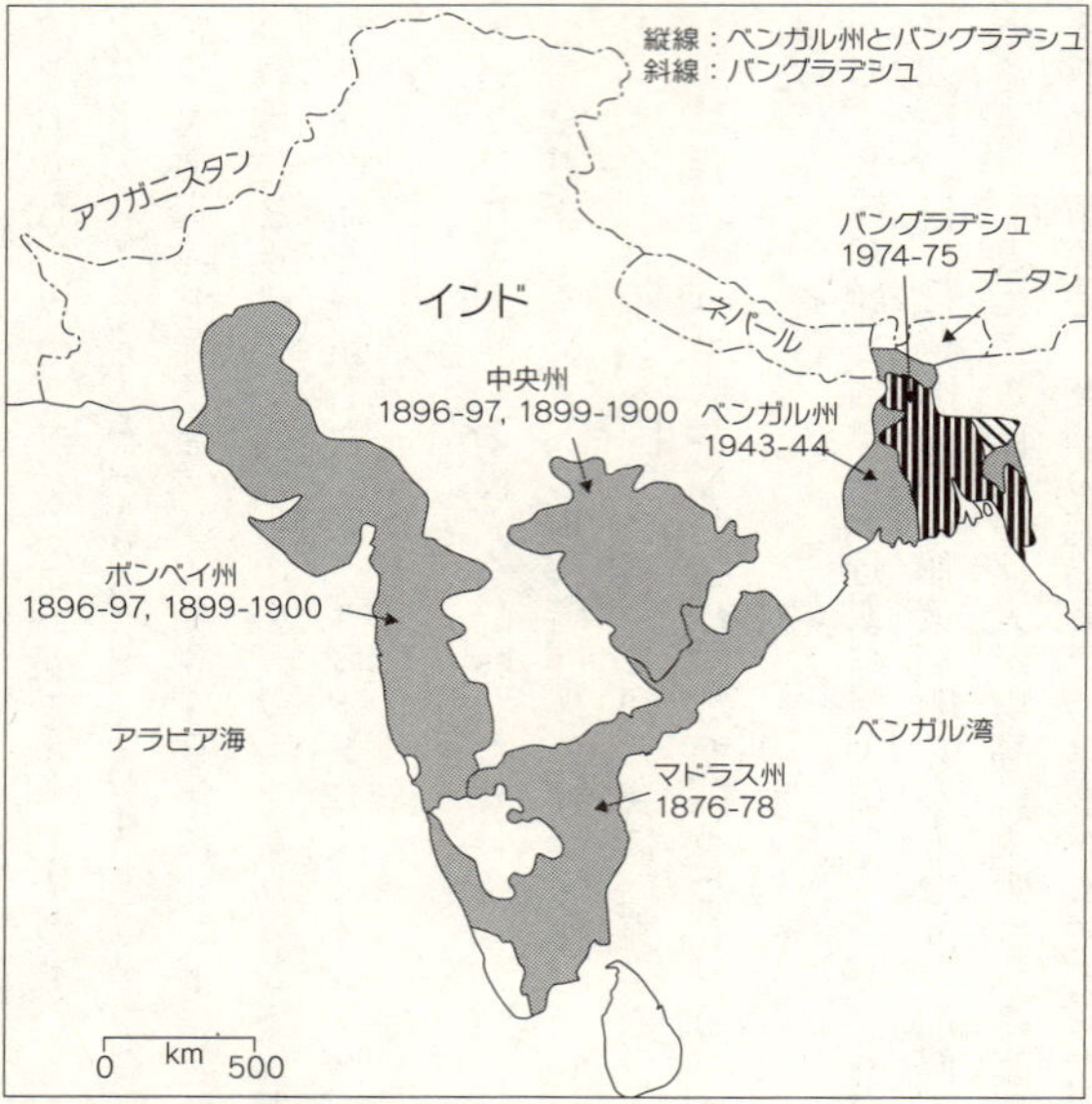

出典：Dyson（1991）

1しか救済活動を受けていなかったとしつつも、飢饉発生に対して投入された財政資金は十分すぎると発表した。英国によるインド統治に間違いはあってはならず、世紀末の飢饉に対しても的確に対処できたと言い続けたのだ[63]。

そして英国人の統治者は、国民の不満の高まりを受けて勢いを増したインドの民族運動への弾圧に力を注いだ。民族主義指導者を「不忠実な旦那方」「扇動バラモン」との烙印を押し、インド民衆からの乖離を図った。1898年に外国政府への不満を情宣する行為を違法とし、1899年にカルカッタでのインド人の参政者の数を減らした。1900年、インド総督・副王のカーゾンはインド担当大臣に対して、国民会議がもはや行き詰まっていると笑みを浮かべながら述べ、平穏な死を迎えるよう願っていると告げている。カーゾンの時代に、民族運動を抑圧する政策が明確に現れるようになる。1904年にインド公務機密法を制定し出版の自由を規制した。さらに民族運動を分断する目的で、カーゾンは1905年7月20日にベンガル州の分割を強行する政令を出した。こうした力による弾圧は、新しい植民地政策を意味するものであった[64]。

中国北部の干ばつと義和団の乱

1896年と1899年に発生したエルニーニョは、インド洋に発する南西モンスーンだけでなく、南シナ海を北上する東アジア・モンスーンにも影響を与えた。

中国北部では、1897年の6月から7月にかけて雨が降らず干ばつとなった。ところが、8月8日になると今度は豪雨となり黄河で大洪水が発生し、山西省寿陽県の堤防決壊に端を発して、400以上の農村が浸水被害を受けた。堤防の決壊はさらに続き、山東省の海岸にある煙台市にいた米国の公使は、多くの農村は海に沈んでいると報告した。1898年から1899年にかけて中国北部で飢饉が発生し、米国人の宣教師は200万人以上が救援を待っていると語っている[65]。

1897年11月1日、干ばつとその直後の大洪水という混乱の中で、山東省膠州にある鉅野県沢市で鉅野事件が起きた。大刀会という自衛組織の数人がカソリック教会に侵入し、ドイツ人宣教師2人を殺害したのである。山東省は洪水の被害が大きかった地域であり、自然災害への不満は外国人に向けられる危険があった。ティモシー・リチャードは1877年に山西省での被害調査にあたって、中国人に変装して行動した[66]。

しかし、1895年の三国干渉で山東半島を日本から清に戻すよう画策したドイツは、この事件を口実にして迅速に動いた。ドイツ皇帝ヴィルヘルム二世は、6日後の1897年11月7日に膠州湾の占領を命令し、14日にはドイツ軍海兵隊が湾内に上陸して海岸全域を占領したのである。翌年3月6日に独清条約が締結され、ドイツは清から膠州湾を99年間租借することになった。これが1904年に始まる日露戦争につながっていく。

連続して到来したエルニーニョによる干ばつは、インド同様に中国にも襲いかかった。

華南では雷鳴が響き豪雨が発生したものの、この雨雲は秦嶺山脈を越えて北上することはなかった。山西省では、1898年9月を最後に、1899年から1900年にかけて雨が降らなくなった。1896年から1900年にかけての中国での死亡者数は1000万人に上った。[67]

中国では古来、大きな自然災害が起きると民衆の不満の矛先は為政者に向けられる。徳のない政治ゆえ、神の怒りを買ったという発想だ。19世紀末に連続して起きたエルニーニョによる干ばつでは、不満の先は北京政府ではなく外国人に向かった。1899年末、山東省において大刀会などの反キリスト教集団が統一され、義和拳あるいは義和団としてキリスト教施設を攻撃していった。外国政府から鎮圧要請を受けた袁世凱が義和団の弾圧に乗り出すと、義和団の叛乱は山東省から河北省へと広がり、民衆の支持を受けて天津と北京の間で大きな勢力を築き上げた。

義和団のスローガンは「興清滅洋」であり、民衆だけでなく北京政府の高官の中でも彼らに与する者があったという。注目すべきは、義和団がキリスト教に怒りを向けた背景である。義和団に参加したある者は言った。「なぜ雨が降らないのか、それは外国人がわれわれの神を冒涜し、彼らの神を押しつけたからだ」。また、ある者は、「干ばつが発生している間、外国人の血は流されねばならない。問題なのは血が流れる量であり、大人だけでなく子供の血まで流れる必要がある」と叫んだ。反キリスト教運動が力をもつきっかけに、エルニーニョに由来する干ばつがあったのである。[68]

そして、義和団鎮圧を求め軍事介入を行う欧米各国に対し、今度は清の北京政府が宣戦布告を行った。ここに至って、英国、フランス、ドイツ、ロシア、イタリア、オーストリア、米国、および日本による8カ国連合軍が編成され、一部激戦はあったものの義和団を鎮圧した。1901年9月7日、清は連合軍を派遣した列国との間で北京議定書を結び、4億5000万両もの賠償金の支払いを主軸とした講和となった。以後、清の北京政府は国内を統治する能力を完全に失い、中国の主要都市は欧米および日本の実質的な支配下に置かれることになる。

欧米諸国による分割支配の時代

世紀末のエルニーニョによりモンスーンが平年と比較して弱まり、その結果干ばつに見舞われたのは、東アジアとインドばかりではなかった。東南アジアでは、雨期をもたらす積乱雲が東方海上に移動したため、フィリピンのネグロス島で干ばつとそれに続く飢饉が発生した。

アフリカ大陸の東西も、モンスーンが到来する地域である。大陸の東側では、インド洋からのモンスーンがエチオピアからケニアへと流入する。西側では大西洋から吹くモンスーンが2月から北上を始め、6月に内陸部の奥まで入り、アフリカ大陸西側のサヘルまで降水域が届く。ところが、この東西のモンスーンとも、エルニーニョの年には勢いが弱まる。1877年から1878年にかけて、東側のエジプトでも西側のモロッコでも干ばつによる飢饉が発生した。世紀末においても干ばつが再発し、エチオピアからケニア沿岸にかけての飢饉により、ケニアではアラブとスワヒリの経済体制が崩壊している[69]。

こうした中で、世紀末のエルニーニョによるアジア、アフリカ諸国の混乱の中で、欧米諸国による植民地支配が帝国主義ともいわれる新たな局面に入る。1492年のコロンブスによるアメリカ大陸の確認、1502年のヴァスコ・ダ・ガマによるインド航路発見以降、ヨーロッパ各国の植民地政策は移民が中心であった。キリスト教を布教しながら欧州流の商慣習を定着させ、貿易により植民地の貴金属や農産物を本国に運ぶという構図であった。ところが19世紀末の新しい植民地政策では移民は活発化せず、軍事力を背景にして本国から派遣したわずかな人員で政治的経済的に植民地を支配する形を取った。貿易だけでなく政治的な意味合いがいっそう強くなり、植民地の支配権の線引きが西欧諸国の大きな関心事となった[70]。

欧米諸国による新しい植民地支配の時代に入った。インドでは飢饉への対応の失敗を糊《こ》塗《と》する動きと連動して英国政府による民族運動への抑圧の強化が始まり、中国本土では清が度重なる干ばつで疲弊する中で欧州諸国ならびに日本によって主要地域が支配されることとなった。米国のフィリピン支配は1898年の米西戦争によるもので、ネグロス島で干ばつと飢饉発生時に起きたスペインの植民地経営への島民の叛乱が大きく関係していた。そして、アフリカ大陸でも同じ構図が描かれた。アフリカ大陸東側のケニアでは、1888年に英国の東インド会社が沿岸部を支配し、世紀末の飢饉の中で内陸部まで勢力を伸ばした。アフリカ大陸西側のモロッコに対してフランスが侵攻し、1904年の英仏協商によりモロッコでの優越的地位を確保している[71]。

1880年代から第1次世界大戦に至るまで、英国、フランス、オランダ、ベルギーというわゆる「西欧列強」が、アフリカ大陸を白地図に色分けするかのように名目的にも実質的にも支配していった。こうした動きは、アフリカ分割と呼ばれている。帝国主義といわれる支配戦略は、エルニーニョによる干ばつで発生した飢饉により、アフリカ社会が混乱する中で行われたのである。

第4章

ナチス・ドイツを翻弄したテレコネクション

「東部戦線での異常低温……、
観測データの誤りに違いない」
――ドイツの気象学者、フランツ・バウアー

1 揺れ動く太平洋東部の海面水温

もう1人の「子供」

ここまで述べてきた通り、太平洋東部の熱帯域の海面水温は太平洋西部の海域と比べて5度から7度低い。南米大陸西岸のペルー沖で南極方向から冷たい寒流が北上することに加えて、赤道付近を吹く東風で海面水が西に運ばれることにより海洋の深い層から冷たい海水が赤道湧昇として上昇しているからだ。そして、数年に一度、太平洋東部の海域の水温が2度から3度、通常の年よりも高くなる現象がエルニーニョである。ペルー沖では、通常11月末から年明けにかけての季節に限って冷たい寒流ではなく赤道方向から温かい海流が流れこんでいるのに対し、エルニーニョが発生すると温かい海流は春先になっても消えず、ペルー海流の北上を抑制する。ペルー北部の漁師はこれを、「エルニーニョの年の逆流」と表現した。

一方でエルニーニョと反対に、同じく数年に一度の頻度で太平洋東部の海域の海面水温が通常の年に比べて1度程度低くなることがある。この時、太平洋の熱帯を西に吹く貿易風が強まり、ペルー沖での沿岸湧昇も活発化し、ペルー海流の北上も強まる。年末になってもエルニーニョの逆流は形成されず、ペルー沖では寒流系の魚が増え、沿岸漁村の漁師は豊漁に恵まれる。

1960年代、このエルニーニョと反対の現象について、ペルーやチリの海洋学者は「アンチ・エルニーニョ」（Anti-Ninos）と名づけていた。1970年代に米国プリンストンで地球物理の観点で流体力学を研究していたジョージ・フィランダーは、エルニーニョがイエス・キリストを意味することから、「アンチ・エルニーニョ」という名前では「キリスト教に反対する者」という意味だと誤解されるとし、ラニーニャとの呼び方を提唱した。スペイン語のエルニーニョが神の子（男の子）であるのに対して、ラニーニャとは女の子という意味である。フィランダーの提案は一般に受け入れられ、1980年代以降、エルニーニョと反対の現象について、ラニーニャという呼び名が広まった[1]。

エルニーニョとラニーニャという相反する太平洋東部の海面水温の変動の発生例をみると、必ずしも交互に起きるわけではない。19世紀末のようにエルニーニョから通常の年に戻り、再びエルニーニョが発生する事例もある。とはいえ、傾向としてはエルニーニョが終息するとラニーニャが起きる動きがみられる。

ラニーニャは、エルニーニョと反対の気象現象を引き起こす。南米大陸西部では、エルニーニョが発生すると海岸砂漠の広がる海沿いのコスタ地方で豪雨に見舞われる。これに対し、ラニーニャになるとアンデス山脈につながる高地のシエラ地方で降水量が増加する。ラニーニャの年には、チチカカ湖のあるアルティプラノ高原一帯では農作物の収穫が増加し、ラマや羊の繁殖もよくなる。一方で海岸に近い低地では冷たい大気が雨をもたらす前線をブロックし、少雨の傾向が強まり乾燥化が進展する。

南米大陸西部に限らず、太平洋の貿易風が強くなると、西部海域からインドネシアにかけて積乱雲の発生が活発化する。東アジアやインド、さらにアフリカ大陸の東西や南米大陸東部に吹くモンスーンも強化される。大気は平衡状態を保とうとすることから、エルニーニョが招いた気象現象を帳消しにするかのように、各地でエルニーニョと反対のラニーニャによる気象現象が起きることになる。

地球規模で気圧配置を変えるテレコネクション

気圧のシーソーという現象は、太平洋とインド洋といった東西の位置関係だけにみられるものではない。北半球の低緯度と高緯度といった南北においても気圧のシーソーがあることを、19世紀後半に英国のブランフォードやスウェーデンのヒルデブランドソンといった気象学者は気づいていた。北大西洋での高緯度側のアイスランドと低緯度側のアゾレス諸島には高気圧と低気圧のシーソーがあり、その相互変化についてギルバート・ウォーカーは1924年に北大西洋振動と記述している。

地球規模での高気圧と低気圧の位置関係の変化は、ロスビー波によって運ばれるエネルギーの差異となり、他の地域の気圧配置にも影響を与える。海面水温のごくわずかな違いや陸地での高度差から発生する波長1000キロメートル以上に及ぶ大気波によって、地球全体に振動エネルギーが伝播するからだ。

離れた地域で相互に気圧の関係が変わり、ひいては気象現象が相関関係をもって大きく変化する現象について、1935年にスウェーデンの気象学者アンデルス・オングストロームはテレコネクションと名づけた。太平洋東部の熱帯域で発生するエルニーニョやラニーニャも、遠く離れた東アジアやインドなどのモンスーンに影響を与えるという意味でテレコネクションを引き起こす自然現象の一つである[2]。

もっとも、テレコネクションのすべてがエルニーニョやラニーニャに由来するわけではない。北極を中心にしてほぼ同心円状に偏西風が一周する循環の波長の変化を示す北極振動、前述した北大西洋の南北での気圧の変化を示す北大西洋振動、さらには10年から数十年単位の変動とされる太平洋十年振動（Pacific Decadal Oscillation：PDO）や大西洋数十年振動（Atlantic Multidecadal Oscillation：AMO）といったものもある。とはいえ、テレコネクションによる地球規模での気象の変化や世界各地で異常気象を引き起こすという面で、もっとも顕著であり明示的なものが、太平洋東部の海面水温のわずかな変化に由来するエルニーニョとラニーニャである。

エルニーニョとラニーニャは北半球の中緯度まで影響を及ぼす

このように、テレコネクションは地球の熱帯域に沿って東西に広がるだけではなく、中緯度から高緯度にかけての地域の気圧配置にも影響を与えている。太平洋域をみると、エルニーニョによって発生する気圧配置にPNA（太平洋―北アメリカ）パターンと、WP（西太平洋）パターンというものがある。どちらも冬季に現れやすい。

PNAパターンの場合、ニューギニアを中心とした太平洋西部の赤道付近の対流活動（低気圧帯）の影響でその北側の太平洋亜熱帯に高気圧が広がる。そして、亜熱帯高気圧の北東側の太平洋北部を相対的に低気圧が支配し、さらに東に位置する北米大陸で高気圧が横たわる。こうして太平洋西部の熱帯から北東方向に向けて、低気圧と高気圧が交互に配置する形が現れる。

また、WPパターンでは太平洋西部の北緯45度付近を境に南側で高気圧が発生し、北側に低気圧が居座る。この気圧配置になった時、日本は暖冬になる。エルニーニョの年は日本で暖冬といわれるが、これはWPパターンの出現によるものだ。エルニーニョの年に地球上の中緯度にある地域すべてで暖冬になるのではなく、シベリアでは寒気が居座るため低温傾向となる。日本の場合、気圧配置の位置関係から冬の寒さを和らげるケースが増える。エルニーニョの年にWPパターンが必ずみられるわけでもなく、エルニーニョの年が常に暖冬になるとも限らない。傾向としてこのような気圧配置になることが多いというものだ。

そして、テレクネクションは、1941年にモスクワに侵攻したナチス・ドイツの中央軍集団に対して、エルニーニョに由来する厳しい冬将軍という形で襲いかかった。さらに、翌年のラニーニャは変化の激しい気象状況を引き起こし、スターリングラードに封じ込まれていた第6軍を壊滅させる遠因となった。

2　モスクワ攻防戦前夜（1941年6月〜9月）

独ソ戦の背景

第2次世界大戦は、1939年9月1日のドイツによるポーランド侵攻から始まる。それまで融和政策を取っていた英国は、ただちにドイツに対して宣戦布告を行い、5年半に及ぶ長い戦争となった。9月17日になるとソ連も東からポーランドに攻め入った。同月28日にワルシャワは陥落し、10月6日までにすべてのポーランド軍はドイツとソ連に対して降伏し、ポーランドはドイツとソ連により東西に分割された。両国が呼応してポーランドに侵攻した背景に、同年8月23日に締結された独ソ不可侵条約があった。7条からなる独ソ不可侵条約は平凡な内容であったものの、同時に秘密議定書が結ばれ、この中に東欧での国境の再編やポーランドでの両国の支配権について明記されていた。

独ソ不可侵条約によりヨーロッパ東部での軍事的な安定が確保されたと考えたアドルフ・ヒトラーは、大陸の西側へと軍事行動を展開した。翌年の1940年5月10日にベルギー、オランダ、ルクセンブルクのベネルクス三国に侵攻し、オランダは5日後に降伏する。そして、大規模な陸軍を有し、国境沿いにマジノ線と呼ばれる要塞ラインを備えていたフランスに対し、ドイツは両国の間に広がる森林地帯をもう一つの軍団の戦車で突破する奇策を取った。マジノ線を迂回してフランス北部の低地まで西に向かって兵を進め、5月17日にはドーバー海峡まで達し、ベネルクス三国救援に向かっていたフランス軍を北と南から包囲し、無力化したのである。兵力を失ったフランス政府は6月10日に無防備都市としてパリを放棄し、ドイツ軍は14日にパリに無血入城する。6月21日にフランスは、ドイツとの間で休戦協定を結び降伏した。

ヒトラーはさらなる侵略先として英国を射程に置いた。ドーバー海峡によって隔てられた島国に対して強力な陸軍を用いるわけにはいかず、前哨戦として空軍による都市爆撃を2カ月間続けた。しかし、効果が表れないとみると9月15日に英国上陸作戦を無期限延期とした。この時期にヒトラーは、ソ連を降伏させれば、英国はドイツへの抵抗を諦めるだろうと何の根拠もないまま考えるようになっていた。

ヒトラーにとって、独ソ不可侵条約を一方的に破棄することなどについて躊躇はなかった。信頼できる仲間以外との約束など、破った方がいいとなればいつでも反故《ほご》にすべきと考えていたのだ。ポーランド侵攻直前の8月22日、ヒトラーは将軍たちに向かって次のように語っている。「勝者は、後になってわれわれが真実を語ったか否かについて問われはしないであろう。戦争を開始し、戦争を遂行するに当たっては正義など問題ではない。要は勝利にこそ正義があるのである」[3][4]

ソ連にしても、秘密議定書を踏まえて１９４０年初頭にフィンランドへの軍事侵攻という冬戦争を起こし、さらにバルト三国への領土拡大を画策していた。この行動はヒトラーを刺激した。１９４０年夏の段階で、ヒトラーは早くもソ連に侵攻できないかと参謀総長のフランツ・ハルダーに問いかけ、側近を慌てさせた。[5]

ヨシフ・スターリンも、ヒトラーが『わが闘争』でソ連の領土をドイツ民族にとっての生存圏と明示していることから、いずれ二国間の衝突は避けられないと認識していた。しかし、ドイツの侵攻は数年後であり、独ソ不可侵条約によって１９４２年頃までは時間が稼げたと自分勝手に見込みを立てていた。そのため、秘密議定書の通り領土を西に広げようともくろみ、古い国境沿いにあった防衛施設を破壊し、対ドイツの防衛線をより新しい国境に近い西方へと移動するよう指示を出した。スターリンの誤った思惑と指示が、ドイツ軍の奇襲を成功させ迅速な侵攻を招くこととなる。[6]

１９４０年12月18日、ヒトラーは「バルバロッサ作戦」と題する指令第21号により、翌年5月15日にソ連に侵攻すべく準備するよう指示を出した。１９４１年2月3日、作戦の細部を固めていく軍事会議が正午から午後6時まで開かれたが、その席上でヒトラーは興奮して次のように叫んだ。「バルバロッサ作戦が始まる時、世界は固唾《かたず》を飲んで見守るばかりだろう！」[7]

開戦の遅れ、モスクワ攻略へのためらい

しかし、開戦時期とした5月15日は5週間延期されることになる。イタリアのムッソリーニが１９４１年10月に開始したギリシャ侵攻に対し英国が反撃したことで、年明けにイタリア軍支援のために兵力を割く必要が生じた。さらに、3月末にユーゴスラビアで軍事クーデターにより親英政権が樹立したため、4月上旬に軍事力で鎮圧せねばならなくなった。4月30日になって、ヒトラーはバルバロッサ作戦の開始を6月22日と変更した。後から振り返ると、この5週間の延期がバルバロッサ作戦の行く末に決定的な影響を及ぼすことになる。

１９４１年6月22日午前4時のベルリン、ドイツ外相のヨアヒム・フォン・リッベントロップはソ連の駐ベルリン大使のウラジミール・デカノゾフを外務省まで呼びつけ、ヒトラーの覚書を手渡した。顔面蒼白になったデカノゾフは、「代償は高くつくだろう」と捨

て台詞を残すのが精一杯であった。ナポレオンがポーランド東部のニーメン川を渡りモスクワへの進軍を開始したのが129年前の1812年6月24日で、ヒトラーの侵攻は暦の上でわずか2日早い開戦であった。[8]

350万の兵力をもつドイツ軍は当初、快進撃を続けた。春からドイツ軍が頻繁にソ連の領空を侵犯しても、また英国の諜報機関からヒトラーのソ連侵攻の具体的な日程まで知らされても、スターリンは開戦当日までドイツの侵攻は1年以上先との自分の見込みをかたくなに信じていた。このため、ソ連の赤軍側では準備不足で兵器も欠乏していた。西側へと移動させる計画であった防衛網はまだ完成していなかった。加えて1933年以降の大粛清でトゥハチェフスキーをはじめとする軍幹部が大量に処刑されたため、赤軍内に戦場での経験のある指導者が枯渇していた。中央軍集団の第2装甲軍上級大将のハインツ・グデーリアンは、ソ連の西側国境に近い要衝スモレンスクを7月16日に陥落させた。ナポレオンがスモレンスクを落としたのは8月17日であり、1カ月早い。

数カ月という単位ではなく数週間でソ連を降伏させることができると、ドイツ軍は楽観視した。7月27日、ヒトラーはハルダーを含む側近と夕食を取った際に、ウラル山脈以西の広大な領土を支配することについて、「5万人の兵士を含む25万人で4億人のインド人を支配しているイギリス人から学ぼうではないか」と笑いながら語った。[9]

しかし、8月になるとヒトラーは、モスクワへの進撃を躊躇するようになる。8月15日に参謀本部がモスクワ攻略作戦を提出したのに対し、ヒトラーは21日に軍事目標を南方のキエフとするよう指令を発した。8月23日、グデーリアンはヒトラーと面談するため、双発の爆撃機ユンカース88に乗って東プロイセンのラステンブルク郊外にある総統大本営ヴォルフスシャンツェ（狼の砦）を訪れた。この時、グデーリアンは、兵士たちは「モスクワまであと何キロ」といった道標を立てていると前線の士気を伝え、モスクワ進撃を懇願した。

普段は将軍の反論に激怒するヒトラーであったが、グデーリアンに対して、ドイツにとってウクライナの穀物が必要であると答えた。そして、ソ連全土に運ばれているドネツ工業地帯の物資を横取りせねばならないと語った。さらにクリミア半島を安定化させ、ルーマニア油田の輸送を確保せねばならないと丁寧に説明するのだった。[10]

実際、開戦時、ドイツは金の保有量も外貨準備も日本より少なく、常に天然資源の不足に悩んでいた。日中戦争において、ドイツは中国に対してバーター取引として武器輸出し、見返りにタングステンなどの資源を輸入していた。このドイツと中国の間の取引は日独伊三国同盟の締結まで続いた。また１９４４年春、日本の遣独潜水艦作戦において、世界初のジェット戦闘機メッサーシュミットＭｅ２６２等の設計図を日本に渡す見返りも、ドイツ空軍向けのタングステン80トン、錫《すず》50トン、生ゴム80トンといった自然資源であった。[11][12]

後年、ドイツ陸軍最高の頭脳との称賛を受けるエーリッヒ・フォン・マンシュタインは、回想録の中でヒトラーと陸軍総司令部の意見対立について次のように解説している。ヒトラーにとって戦略目標の中心に政治的および戦争経済的な考慮があった。ソ連をまず戦争経済面で麻痺させたかった。このため、レニングラード（現・サンクトペテルブルク、以下同じ）を落としてスカンジナビア三国からロシアを遮断し、南部のウクライナからカフカス地方にある資源を奪おうとした。一方の陸軍は、赤軍の主力を打破し政治の中心であり交通網の要であるモクスワを攻略すれば、ロシア軍の統制は取れなくなると考えた。つまり、モスクワさえ落とせば、ソ連の戦争経済に対し甚大な損害を与えることができるとみたのだ。ヒトラーは北と南での勝利を、陸軍は中央の一点突破をという目標対象の違いがあった[13]。

タイフーン作戦――開戦日は10月2日

ヒトラーと軍のどちらが正しかったのか。双方ともソ連の兵力を過小評価していたという点では決定的に誤っていた。もし正しかったことがあるとすれば、それはモスクワを目の前にして進軍をためらったヒトラーの政治家としてのカンなのかもしれない。1300年にモンゴル民族の汗国から解放されて以降、モスクワは1610年にポーランド王国、そして1812年にナポレオンの指揮する国民軍により一時的に占領されたものの、そのつど短期間で侵略者を撃退してきた。ヒトラーの8月の逡巡とは、モスクワに手をつけることに不吉な匂いを感じていたのではないか。

ナポレオンがモスクワに無血入城した9月14日、ドイツ軍はまだキエフで戦闘を行っており、9月19日にキエフを占領し一連の南方作戦が終結したのが9月26日であった。ここに至ってようやく、ヒトラーにとってモスクワ進撃を延期する理由がなくなり、タイフーン作戦と名づけたソ連の首都攻略の開始日は10月2日と決定された。主力部隊は、キエフを制覇した後に北に向かったグデーリアンの第2装甲軍、西から迫るゲオルグ・ハンス・ラインハルトの第3装甲軍、そしてレニングラード攻略中の北方軍集団から回って来たエーリッヒ・ヘプナーの第4装甲軍であった。

とはいえ、果たして秋から冬にかけてのモスクワの天気は作戦に影響しないものか。会議の席でも疑念の声が上がり、1940年秋から参謀本部兵站《へいたん》部長の職にあってハルダーのもとでバルバロッサ作戦を立案したフリードリヒ・パウルスは、冬期の戦闘に対して問題点を指摘していた。しかし、ヒトラーはこうした意見を封じ、作戦決行を決断したのであった。[14]

3　気候変化に戸惑うドイツ軍（1941年10月）

泥濘期《ぬかるみ》（ラスピュティーザ）

ヨーロッパの夏は素晴らしい。日本のように梅雨期がないため、6月から7月にかけて晴れの日が続く。しかし秋の訪れは早く、8月後半になると曇りがちの日が増えていく。ヨーロッパ大陸の東側でも同じ傾向があり、2005年から2010年までの6年間のモスクワの月別平均日照時間をみると、6月が276時間、7月が326時間であるのに対し、8月になると233時間と低下し、9月は174時間、そして10月になると94時間と7月の3割以下になってしまう。このため秋になって雨の日が続くと、土壌の水分が蒸発せず、舗装されていない道路は泥沼と化す[15]。

ロシアからバルト三国一帯において、春と秋の一年に2回、道路が激しくぬかるんで通行に支障が出る季節があり、泥濘期（ラスピュティーザ：Rasputiza）と呼ばれている。それぞれ「春のラスピュティーザ」「秋のラスピュティーザ」と使い分けられる。春の泥濘期は雪解けによるもの、秋の泥濘期は降水量が土壌からの水分の蒸発を超えるために起きる。

ロシアでの戦争において、第2次世界大戦以前も泥濘期は大きな要素になっていた。18世紀初めにスウェーデン王カール十二世はロシアに攻め入ったものの、道路がぬかるんだ季節での補給難で軍が弱体化し、1709年7月のポルタヴァの戦いに敗れ、国王自身はオスマントルコに亡命した。1812年のナポレオンの遠征では、焦土となったモスクワで物資が欠乏し、10月19日にスモレンスクへの撤退を開始している。ナポレオンはロシアの冬将軍に敗れたとされるが、地面がぬかるんだ季節の中での撤退が迅速に進まなかったという要素が少なくない。

ドイツ軍も、ソ連から東欧にかけて泥濘期があることを知っていた。開戦後の8月4日、ヒトラーは「ロシアの季節と天候についての専門家」がいると触れている。これは総統大本営にある作戦第1部による報告書のことで、当時の気象データを用いて8月から10月にかけてのロシア西部の気象条件を予想したものであった。ただし、この報告書では泥濘期が到来するのは大雨が降った直後とし、降水量の多い8月の方が9月や10月よりも条件が悪いとした。そして報告書の作成者は、「10月は軍事行動を行う上で移動に適した時期」であると推奨している。降水量の多寡だけに関心が向き、路面からの水分の蒸発を考慮していなかったのである。

表4―1は、レニングラード、モスクワおよびキエフでの各月の降水量と予想される土壌からの水分蒸発量を掲げたものである。モスクワの水分蒸発量をみると、5月から7月にかけて70ミリと大きいが、日照時間が短くなるとともに8月に40ミリ、9月に20ミリ、そして10月に10ミリと激減していく。一方、1941年のモスクワの降水量をみると、7

月はレニングラードと同じく1930年から1960年の平均値よりも少ないものの、8月から9月になると平年を上回るようになっていた。

乾燥した道路が泥沼と化すかどうかは、夏にどれだけ道が乾燥し固くなっていたかが大きな要素であり、平年に比べて1941年は8月から土壌の水分が増えていたのである。1952年に米国陸軍が発行した「欧州東部戦線における気候の影響」というレポートでは、1941年の泥濘期は第1次世界大戦および第2次世界大戦の中でもっとも厳しいものであったとしている。

ヒトラーと違って、スターリンは自国ゆえ泥濘期の時期を正確に特定していた。米国ルーズベルト大統領の側近として第2次世界大戦中に同盟国との調整役であったハリー・ホプキンスは、1941年7月末に3日間モスクワを訪問し、スターリンと面談している。この時、スターリンはホプキンスに対し、「9月初旬を過ぎて雨が降るようになるとドイツ軍が攻め続けるのは難しくなるだろう。10月初旬以降は路面がひどい状態になってしまい、ドイツ軍も守勢に回らねばならないだろう」と冷静に自然環境による戦場の変化を見通していた。[16]

沼地に沈むドイツの車両

ドイツ軍のモスクワ攻略を狙ったタイフーン作戦は、まずぬかるみによって苦しめられ

表4-1 レニングラード、モスクワ、キエフでの降水量と水分蒸発量

	レニングラード			モスクワ			キエフ		
	P_{41}	$\bar{P}$	$\bar{E}$	P_{41}	$\bar{P}$	$\bar{E}$	P_{41}	$\bar{P}$	$\bar{E}$
1月	28	36	<10	26	31	5	25	43	<10
2月	35	32	<10	26	28	5	70	39	<10
3月	23	25	<10	22	33	10	49	35	>10
4月	9	34	30	59	35	30	62	46	50
5月	23	41	70	72	52	70	98	56	<70
6月	51	54	>70	72	67	70	62	66	>70
7月	21	69	>70	33	74	70	118	70	>70
8月	87	77	50	82	74	40	60	72	>50
9月	43	58	30	75	58	20	*	47	>30
10月	30	52	>10	52	51	10	*	47	20
11月	14	45	<10	13	36	5	*	53	<10
12月	37	36	<10	65	36	5	*	41	<10
年間計	401	559	<400	597	575	340		615	400

注：P_{41}＝1941年の降水量、$\bar{P}$＝1930〜1960年の平均降水量、$\bar{E}$＝水分蒸発量
出典：Neumann and Flohn（1987）

た。作戦開始直後の10月6日から7日にかけての夜、モスクワ周辺で初雪が降り、初雪が融けた後も雪と雨が交互に降る中、10月10日頃から秋の泥濘期が始まった[17]。

第2次世界大戦当時、ロシアでは舗装した道はほとんどなく、モスクワに向けてのドイツ軍の侵攻は泥の道を進まねばならなくなった。ドイツ軍というと、機械化部隊による電撃戦を得意としたが、実際は火砲や食糧運搬車などを引くのに60万頭の軍馬に頼っており、歩兵師団はほとんどが徒歩で移動していた。喧伝されていた迅速な進撃とは、限られたごく一部の軍団に限られた話であった。その意味で軍全体での進軍スピードや物資を補給する手段は、ナポレオンの時代と大差がなかった。

10月のモスクワ侵攻は、ドイツ軍にとってぬかるみとの戦いとなった。12日、グデーリアンは「わが部隊はぬかるみにはまってしまい、身動きが取れなくなった」と報告した。幹線道が沼地に変貌すると、白樺の木を切って丸太橋を作り、各車両は積載量を減らしじゅっくりと渡らねばならなかった。タイヤ型の車両はキャタピラー型の車両で牽引しないと前に進めなくなるが、引っ張るためのチェーンが不足した。食糧運搬車は立ち往生し、歩兵は膝まで沈む中を徒歩で行軍した。軍幹部の乗る自動車が沼地につかまると、軍馬や人力で引き上げるしかなかった[18][19]。

泥濘期によって軍事行動に支障が出たのはドイツ軍ばかりでない。赤軍もまた軍隊の移動が制限された。しかし、守勢を取っていた赤軍の場合、攻め込むドイツ軍と比べて相対的に移動する距離が短く、この点でぬかるんだ路面は彼らの味方となった。また、赤軍の戦車や車両はタイヤの幅が広く、この季節での移動により適応していた。

それでも、ぬかるんだ道に苦闘しながらドイツ軍は侵攻を続けた。北方軍集団は10月13日にカリーニンに突入し、南方軍集団は23日にハリコフを占領した。中央軍集団は14日に司令部を前線に近いオリョルに移した。10月20日の時点で、もっとも前進した部隊はモスクワまで65キロメートルにまで迫った。[20][21]

モスクワではほとんどの住民が、ドイツ軍によって占領されると予想しはじめた。革命の象徴であるウラジミール・イリイッチ・レーニンの遺体は、すでに7月初めに赤の広場にあるレーニン廟からシベリア西部にあるチュメニに疎開していた。スターリンは10月13日に党や政府の幹部に対して、モスクワの東方700キロメートルにあるヴォルガ川東岸のクイビシェフ（現・サマーラ）に退避するよう命令を発している。モスクワが陥落すれば、この都市に首都機能を置く予定であった。

スターリン自身は18日にモスクワを去るべく特別列車を用意させたものの、ぎりぎりになって踏みとどまる決意をした。独裁者の決意は士気を高める結果になったのであろう。10月中旬以降、赤軍の抵抗は強まっていった。いくつかの戦闘において赤軍のT34戦車がドイツ軍のⅣ号戦車を圧倒するのもこの時期からである。ドイツ軍と赤軍の戦闘は日増しに激化していった。[22]

4　厳寒期でのドイツ軍の敗北（1941年11月初旬～12月）

ドイツの気象予報官たち

開戦当初、ヒトラーもドイツ軍参謀本部も、泥濘期だけでなくロシアの冬の気候についても大いに気にしていた。この冬の長期予報について、戦争指導者は気象学者フランツ・バウアーの意見を重視した。

バウアーは1920年代終わりから、中長期予報の研究を始めていた。ギルバート・ウォーカーの統計的分析を重視して、北大西洋振動のような広い地域での気圧配置の変化に着目し、1930年代半ばに大規模気象パターン（Grosswetterlage）という概念を打ち出している。局地気象、国レベルの地域気象を超え、ヨーロッパ全域という大きな範囲での気象を類型化し、それぞれのタイプは数日続くとした。ウォーカーは1937年に「バウアーが開発した10日間予報」という論文において、大規模気象に着目したバウアーの研究成果を紹介している。[23][24]

バウアーは、1935年にナチス政権が樹立するとドイツ気象局の中央気象部と関係をもち、ドイツ空軍のための天気の解析と予報を行う役割を担った。彼はドイツ空軍の中央司令部から1941年から1942年の冬の気候についての報告を求められたのに対し、

図4-1 2009～2010年の冬に北半球中高緯度で観測された主な異常低温と異常高温

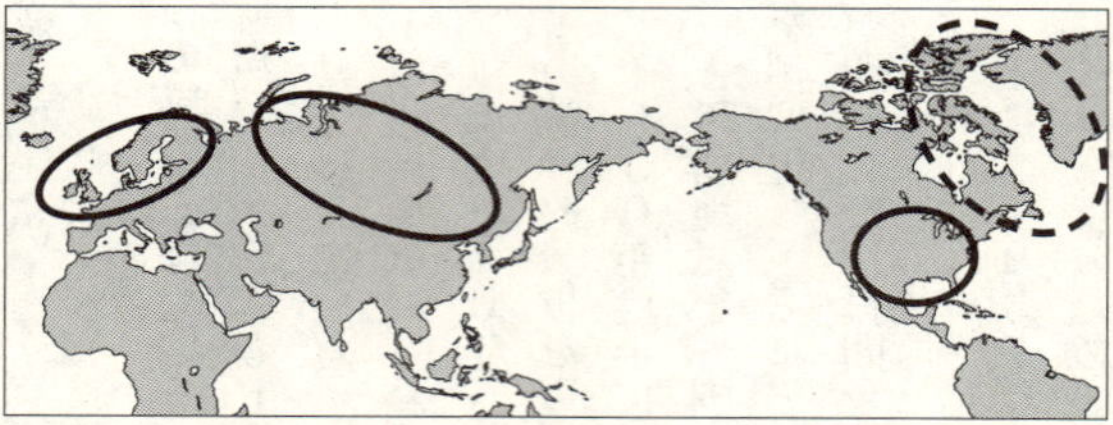

注：（実線の楕円）は異常低温、（破線の楕円）は異常高温
出典：気象庁HP エルニーニョ監視速報 No.210 参考資料（2010年3月10日）

ヨーロッパ全域での気候についての数年の傾向や太陽黒点の動向から予想を立てた。

バウアーの報告では、この３年間は低温傾向にあり、特に１９３９年から１９４０年、１９４０年から１９４１年の直近２回の冬季で寒さが厳しかったとし、過去１５０年間をみて３年連続の厳冬はないというものであった。すなわち１９４１年10月からのモスクワ侵攻は、前年よりも暖かい気象状況の中で行われるであろうとの予想である。[16]

しかし、１９４１年はエルニーニョの年であった。日本ではエルニーニョの年の冬季に暖冬となる。とはいえ、同じ緯度帯でみると偏西風の蛇行により、寒さが和らぐ地域と厳しくなる地域が現れる。図４－１は２００９年から２０１０年のエルニーニョ時における世界各地の気温偏差を示したもので、北米大陸東岸が異常高温であったのに対し、ヨーロッパやシベリアで異常低温になっているのがわかる。モスクワ攻防戦が行われた時も同様の気温偏差が生じたのである。

統計的にみても、1880年から1990年までの110年間で、26回のエルニーニョと22回のラニーニャが発生している。このうちスカンジナビア半島の観測データでは、長期平均と比べてエルニーニョの年の70％の確率で低温傾向とあり、ラニーニャの年では70％から80％の確率で高温傾向になっている。

冬に大西洋からヨーロッパ大陸へと東に動く温帯低気圧の経路をみても、エルニーニョの年ではブリテン島からバルト海を通ってロシア北西部に至るケースが多発するのに対し、ラニーニャの年ではアイスランドからスカンジナビア半島北端を通ってコラ半島を通る（図4－2）。エルニーニョの年において、レニングラードからモスクワにかけて温帯低気圧が通過する時、反時計回りの強風が吹き荒れ、北極圏の寒気がモスクワの西側一帯にもたらされるのだ。モスクワ攻防戦が行われた1941年の強いエルニーニョにおいても、こうした傾向となり、強い寒気がヨーロッパ東部を襲うこととなった[25]。

気候が変わる徴候は、9月下旬からみられていた。ドイツ気象局の中央気象部では、エルニーニョという現象について未知であったものの、天気図にブロッキングと呼ばれる現象が現れていることに気づいていた。ブロッキングとは偏西風の振れ幅が大きくなる中で、寒い高緯度側に切離高気圧ができ、また暖かい低緯度側に寒冷低気圧（寒冷渦）が生じる現象である。ブロッキング現象は異常気象の兆しにもなる。そして、ヨーロッパ北部に南

▌図4-2▌エルニーニョ/ラニーニャ発生時のヨーロッパでの温帯低気圧の経路

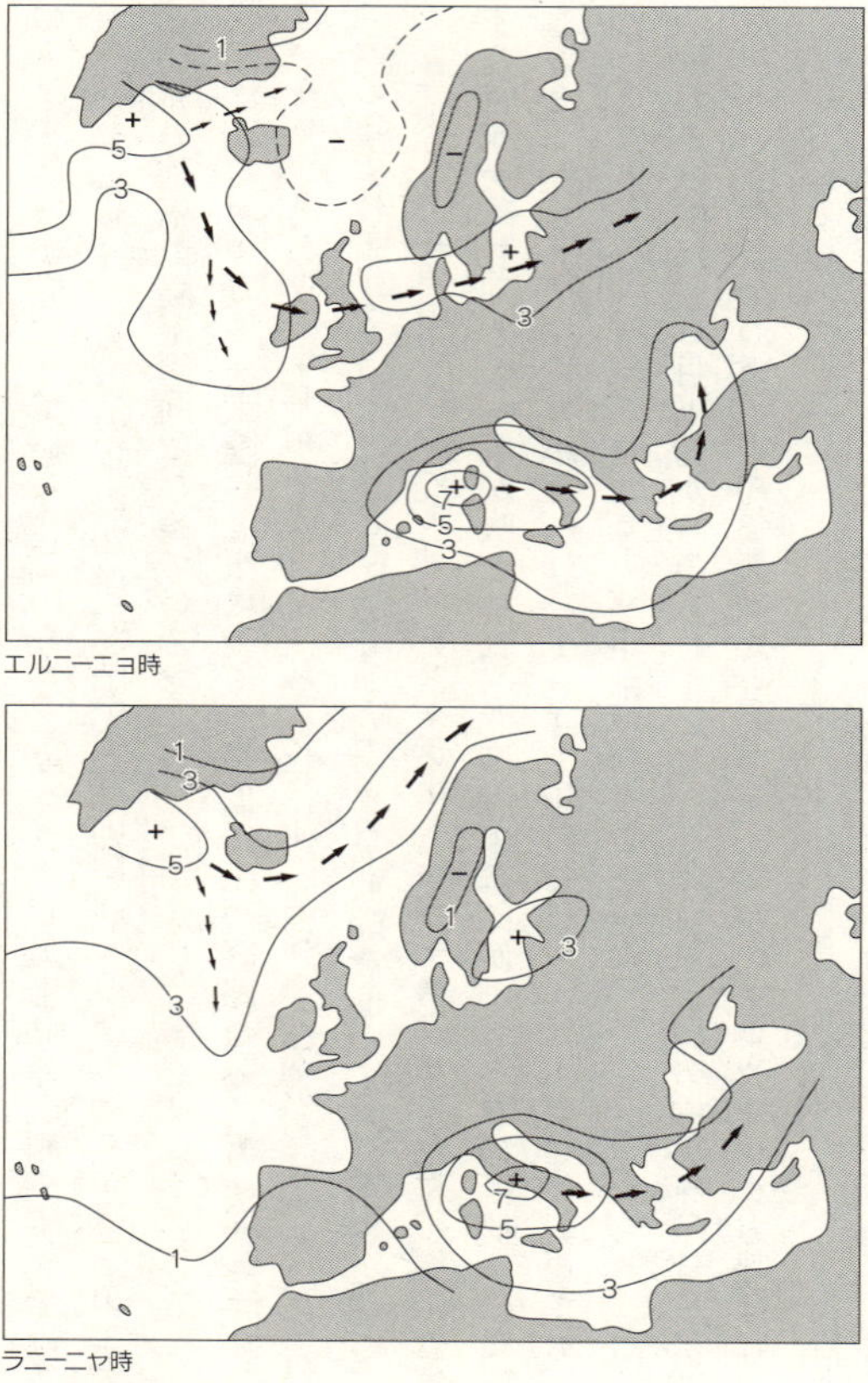

出典：Fraedrich, and Muller (1992)

下する寒冷低気圧は、北極圏の非常に冷たい寒気を低緯度側に運ぶことになる。

10月終わりに中央気象部は今後寒冷な気候になるとする注意報を作成し、最初に厳しい寒気が到来する時期を11月上旬と予報した。そして、モスクワの気温は12月から2月にかけて平年であってもベルリンと比べて7度から10度低いことから、寒気の到来は軍事行動に大きな影響を与えるだろうと説明を加えた。

注意報は中央気象部長のクルト・ディージングの承認を受け、ただちにドイツ空軍司令官のヘルマン・ゲーリングに提出された。ところが、ゲーリングは報告を受けるなり、机を叩いて怒りながら叫んだ。「ロシアでは零下15度以下になどけっしてならない。戦争は続行だ！」。それでも、空軍参謀長のハンス・イェションネクは、中央気象部作成の注意報をヒトラーに送るよう部下に命じたという。しかし、レポートがヒトラーの手に渡ることはなかった。[16]

寒波とともにぬかるみは凍った

中央気象部が予報した通り、11月3日の晩からついに厳寒期の訪れを知らせる最初の寒波が到来した。ぬかるみが凍ったことにより、ドイツ軍にとっては作戦行動がそれまでより容易になったものの、今度は本格的な寒波が到来するまでの時間との戦いになってきた。ドイトゥーラ近郊で11月11日に気温は零下15度となり、12日と13日は零下22度となった。ドイツ軍の補給状態は悪く、不凍液はほとんど手に入らず、厳寒期に必需品である長靴と靴下も欠乏していた。ドイツ兵が、赤軍のコートや毛皮帽をかぶって屋外活動を行う姿がみられた。[26]

赤軍では寒波が到来すると軍靴に新聞を詰めて足を温めた。そのためにロシア兵は普段からワンサイズ大きい軍靴を履いていた。こうした現場の知恵を知らないドイツ軍は足に合ったサイズを選んでいたため、足先の凍傷に苦しむことになった。前線にいたドイツ兵のおよそ4割が凍傷を負った。厳しい寒さを襲ったのは人間や武器だけではない。馬舎などない前線で雪原の広がる野外に置かれた軍馬は、馬草も不足する中で凍死していった。前述したように、輸送の多くを軍馬に頼っていたドイツ軍は、兵站面でもいっそう厳しい状況に追い込まれていった。[27][28]

西部戦線に残っていたある補給部隊は、フランスのワインを送れば東部戦線の兵士たちを喜ばせることができるだろうと考えた。フランスのワイン醸造業の振興にもつながる名案だと思ったのだ。こうして、パリから列車2両によって大量のワインが戦闘部隊に送られたのである。しかし、中央軍集団にいた第4軍に届いた時、外気温は零下25度まで下がっており、ワインはガラス破片のまじった赤い氷塊でしかなかった。[29]

前年の夏、ロンドン市民を恐怖に陥れたドイツ空軍も、モスクワ空襲では大きな成果を上げることはできなかった。陸上の兵士と同様に航空兵も防寒具が支給されておらず、上空4800メートルでの零下44度の外気温はパイロットに耐えがたいものであった。ドイツ軍の野戦飛行場では気象状況が良くなければ発着できず、出撃回数も減少していった。そして、モスクワ上空までたどり着いたとしても、市内に張り巡らされた厳しい対空砲火が待っていた。11月7日には悪天候でドイツ空軍が足止めを受けている最中に、赤の広場では革命を記念した軍事パレードさえ行われ、スターリンの演説はラジオでソ連全土に放送されている。モスクワ攻防戦において、市内で空爆により被害を受けた地域はわずか3％にすぎなかった。[30]

11月15日、第2装甲軍を率いるグデーリアンはトゥーラ近郊の戦闘において、寒さの中で自動火器が使えず、3・7センチ対戦車砲では赤軍のT34戦車に対して歯が立たないことを知った。第2装甲軍はトゥーラを落とせず、迂回しながら南からモスクワに迫るしかなくなる。かつてその迅速な進軍から「韋駄天」とのあだ名を受けたグデーリアンも、1日の行程は通常で5キロメートル、早くても10キロ程度へとスピードダウンしていった。11月20日、グデーリアンは参謀総長のハルダーに「もう限界だ」と電話で伝えた。[31][32]

冬将軍の襲来――12月初旬

それでも、ドイツ軍の攻撃は続いた。ナポレオンがスモレンスクからのさらなる撤退の決断をしたのが11月12日、そしてロシア軍将軍のミハイル・クトゥーゾフの追尾により流氷の流れるベレジナ川の渡河で多くの犠牲を出したのが11月26日から28日だ。同じ時期、ドイツ軍はまだモスクワに向けて前進していた。[33]

ラインハルトの第3装甲軍は、凍結により固まった道路を通って北西からモスクワに迫り、11月28日にはヴォルガ＝モスクワ運河を制圧し、クレムリンまで35キロメートルを切った。また、北方軍集団のヘプナー率いる第4装甲軍は、さらに市内まで20キロメートル余りまで迫った。前線を抜け出た偵察隊の双眼鏡から、モスクワ市内の建物の尖塔がみえたという。12月1日、中央軍集団の第4軍はミンスク—ロシア幹線に沿って、モスクワを攻略すべく東に進撃し、立ちはだかる赤軍の第1親衛機械化狙撃師団に向かっていった。[34]

しかし、ここまでであった。12月4日にモスクワの気温は零下17・8度と前日に比べて10度下がり、さらに5日には零下25・9度まで下がった。図4－3は、12月5日早朝のヨーロッパ全域の天気図である。図の右にある点線がドイツ軍と赤軍の前線に当たり、Mはモスクワを示している。これをみるとモスクワ東方にある低気圧の西側で、北から回り込むように大寒波が到来したのがわかる。

寒波は7日まで4日間続いた（図4－4）。モスクワはそれでもヒートアイランド現象により気温は高めになる。トゥーラ近郊の野戦上にいたグデーリアンは、4日に零下35度、そして5日には零下50度まで下がったと記録している。12月5日、モスクワを300キロメートルにわたって半円状に包囲するドイツ軍は、極寒の地で完全に行き詰まった。この

▌図4-3▌1941年12月5日のヨーロッパの天気図

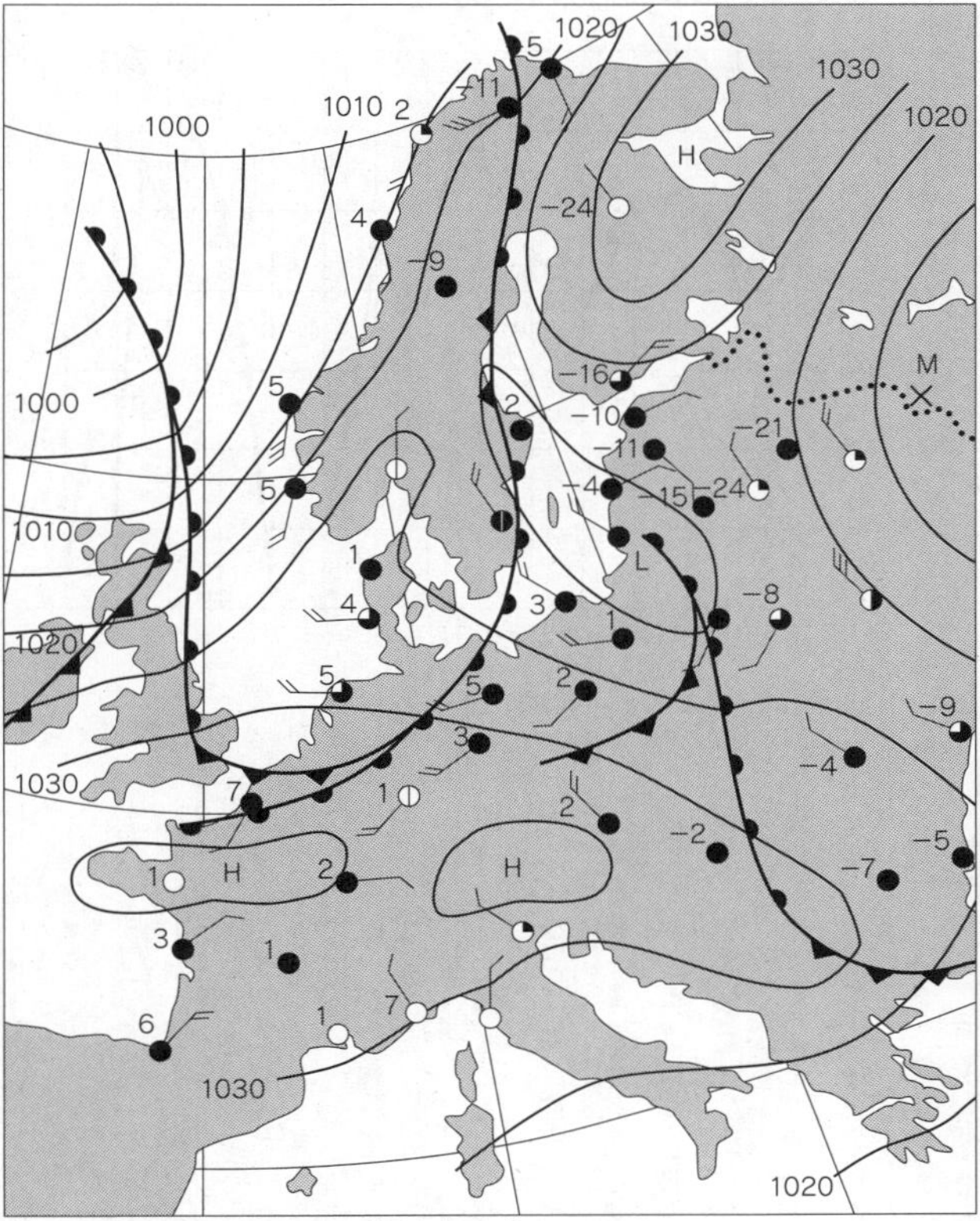

グリニッジ標準時７時(モスクワ時間午前４時)、M：モスクワ

出典：Lejenäs（1989）

図4-4 モスクワ午前4時の気温（1941年11月15日～12月15日）

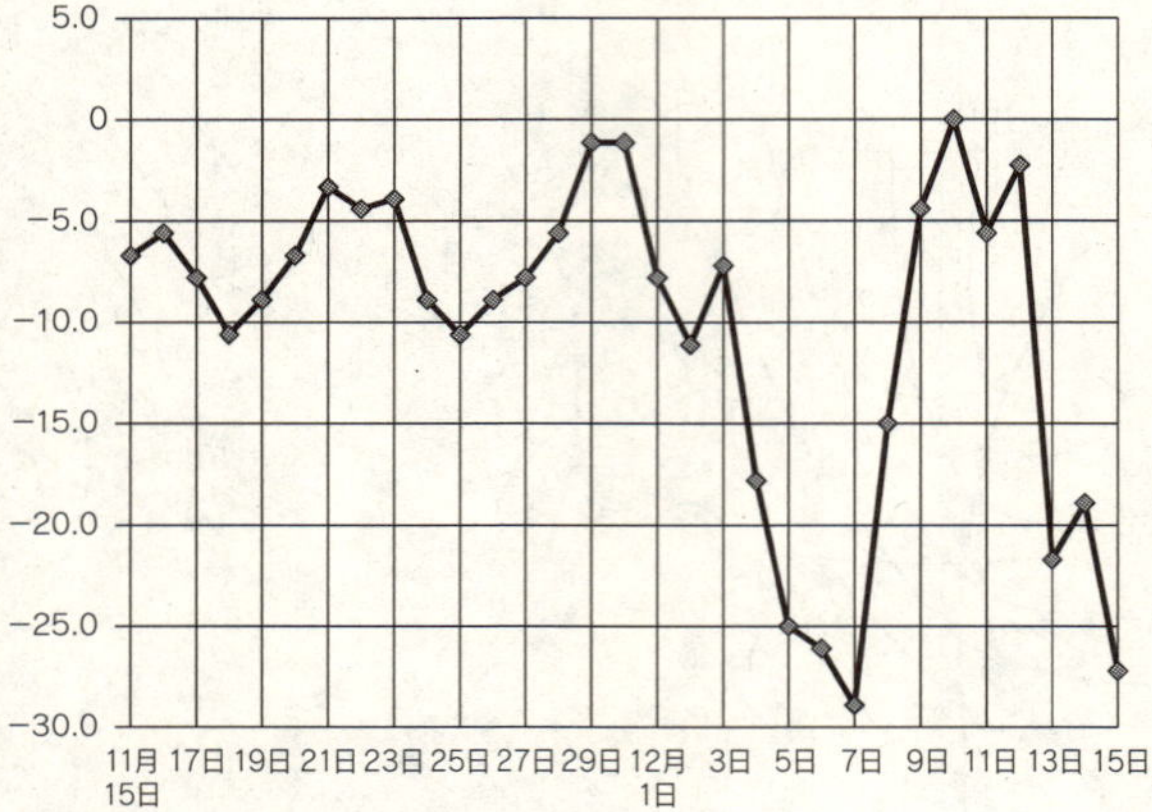

出典：Neumann and Flohn（1987）

日、中央軍集団総司令官のフェードア・フォン・ボックは、ハルダーに「力尽きた」と電話で伝えた。６月22日の開戦時に３５０万人であった兵力は11月末において、すでに死傷者が74万３０００人に及び、全兵力の20％以上が失われていた[35][36]。

スターリンはこの時を待っていた。12月６日、参謀総長であったゲオルギー・ジューコフに対して、それまでの防衛から攻勢に転じるよう命じた。ジューコフは対日戦を想定して極東に配備していた兵力を鉄道で西部戦線まで輸送しており、寒さに強いシベリア兵がドイツへの反撃の先兵として組織された。

ブラウヒッチェ、ボック、レープ、

ルントシュテットといったドイツ軍前線の各元帥から攻撃中止を求める声が高まり、12月8日にヒトラーもようやくこれを受け入れ、指令39号を発した。「予想外に早い時期に厳冬が訪れ、物資の調達が困難になったことを受け、わが軍は、すべての主要な攻撃作戦を放棄し、守勢に転じる」[37]

トゥーラの南方7キロメートルのヤースナ・ポリャーナにある文豪トルストイの所有地にいたグデーリアンは、12月8日の手紙の中で次のように書いている。「酷烈な冬期に対して、あらかじめ何の準備もしようとせず、零下35度にも達するこのロシアの厳しい寒気に、兵士は満足な防寒具もなしにさらされるという悲劇をもたらした。われわれには、すでに敵の首都モスクワ攻撃に勝利を収めうるだけの力は残っていない。私は12月5日の夜、涙を飲んでこの見込みのない戦いを中止し、あらかじめ選定しておいた陣地線に後退する決意を固めた[38]」

かくして、ドイツ陸軍の不敗神話は崩壊したのであった。

1941年の冬は250年振りの厳冬か？

戦後、ボン大学気象教室の教授となり、エルニーニョ研究についての先駆的な業績を残したヘルマン・フローンは、当時29歳の若手研究者としてドイツ空軍司令部に関わっていた。彼は、1941年6月25日にロシア西部の気候変動について調査するよう指示を受けて以降、気温の実況を監視し続けていた。彼はレニングラードの気温に着目した。1743年以降の長期間のデータが残っていたからである。フローンは氷点下になった日の気温を積算していけば、冬季の寒さの強弱を定量的に示せるのではないかと考えた。そして、1941年11月以降の寒さの累積は、ナポレオンがクトゥーゾフに屈した1812年とまったく同じ推移をたどっていることを見つけた（図4－5）。

12月初め、フローンが作成した気温の累積表をみたヒトラーは、そこに1812年の折れ線があることに激怒した。ナポレオンの敗戦と比較されることが耐えられなかったのだ。12月7日、総統大本営では赤軍の反撃への対応が協議された席上、東部戦線での異常気象も話題に上った。会議終了後、ヒトラーはコーヒーを飲みながら、「こんなことになると前からわかっていれば……」と何度もつぶやいていたという。

12月8日、中央気象部長のディージングは、この冬を暖冬と予想したフランツ・バウアーと電話で連絡を取った。この時、フローンはイヤフォンを耳に当てて2人の会話を聞いていた。ディージングがバウアーに東部戦線での異常低温を伝え、それでも長期予報を変えないつもりかと尋ねると、バウアーの返答は驚愕するものだった。「観測データが間違っているに違いない」[16]

1989年にアメリカ気象学会会報に、当時の東部戦線における天気図を再現した論文が掲載された。図4－6のAからCは1941年の12月から翌年2月にかけての上空およ

図4-5　10月以降の零下の気温についての累積表（1812年と1941年）

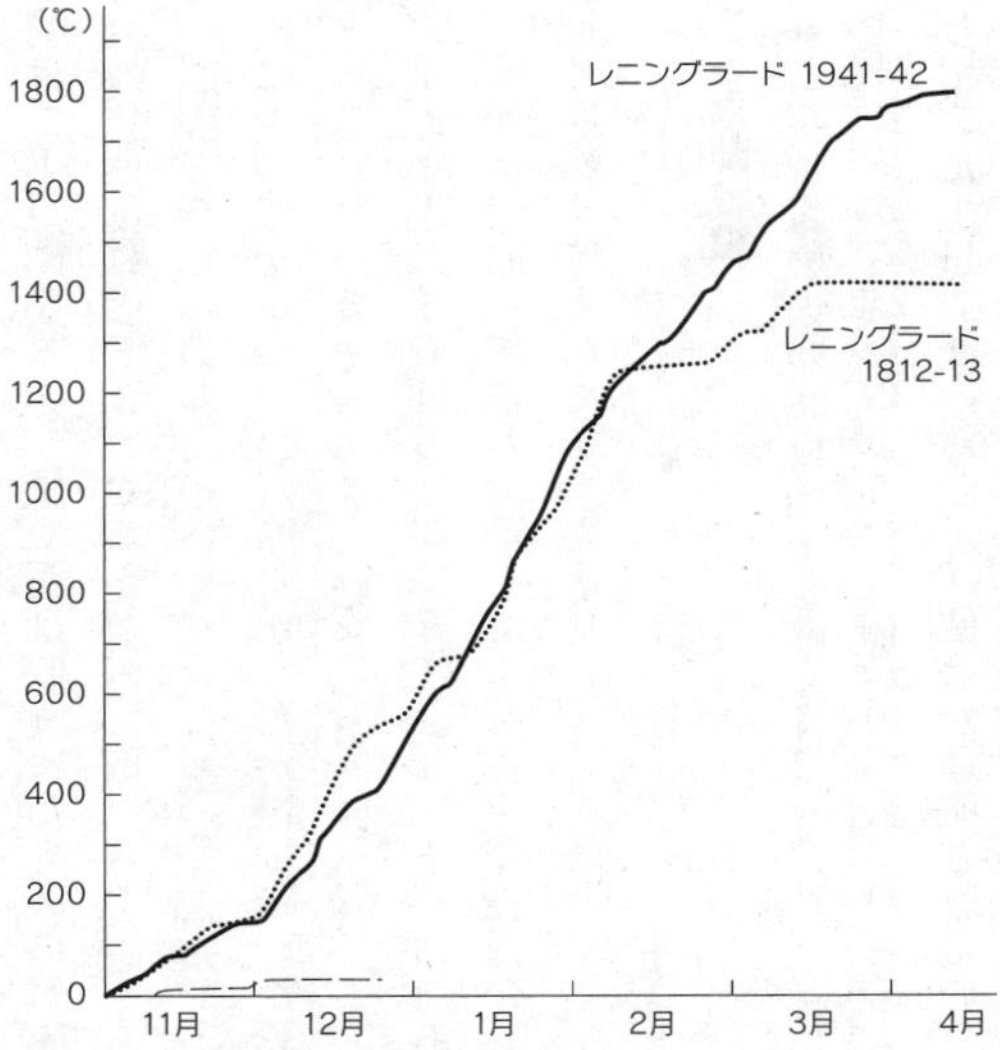

出典：Neumann and H. Flohn（1987）

その5000メートル付近の高層天気図である。これをみると、1941年12月の間、矢印の線に沿って暴風雪を伴った大寒波が何度もモスクワ付近に襲来したことがわかる。そして年が明けた1月になると、風や雪は収まったものの気圧の谷が居座り、寒気がモスクワを含むロシア西部にとどまったことがみて取れる。[39]

また、過去500年の冬について、気温観測、バルト海やアイスランドの海氷の状況、年輪分析によって暖かかったか冷たかったかを推定した論文も発表されている。研究結果によると、500年間でもっとも厳冬であったのは、1695年から1696年の冬で、マウンダー極小期（1645年-1715年）といって500年以上続いた小氷期の中でもっとも寒かった時代である。そして1941年12月から1942年の寒さは、マウンダー極小期に匹敵するものであったという。[40][41]

膠着する東部戦線

1941年12月の大寒波に始まる厳冬は、前線への物資の輸送にも大きな影響を与えた。ポーランドから列車による物資輸送の場合、11月の大寒波襲来前でさえ、中央軍集団が要求していた1日31便に対し、16便しか運航されていなかった。気温が零下15度以下になると、寒冷地での対応がなされていない汽車はたびたび故障を起こし、運行状況は50%以下となった。南方軍集団こそ年明けから輸送面で改善が図られたのに対し、中央軍集団

図4-6A　500hPa高層天気図（1941年12月平均）

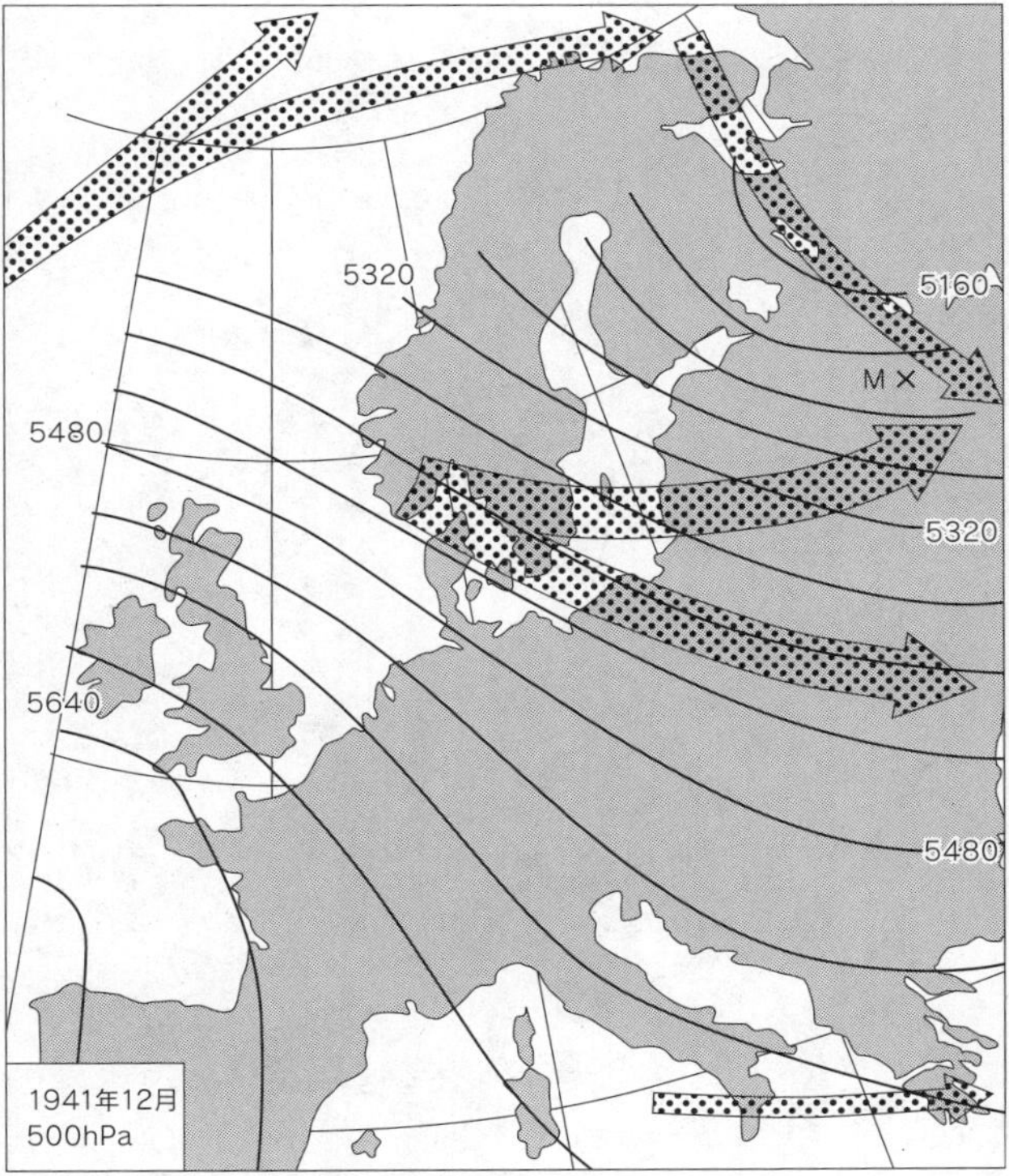

注：500hPa面高度（単位はメートル）　M：モスクワ
　　矢印は地上での低気圧の経路、矢印の幅は頻度を示す
出典：Lejenäs（1989）

▌図4-6B▌図4－6B　500hPa高層天気図（1942年1月平均）

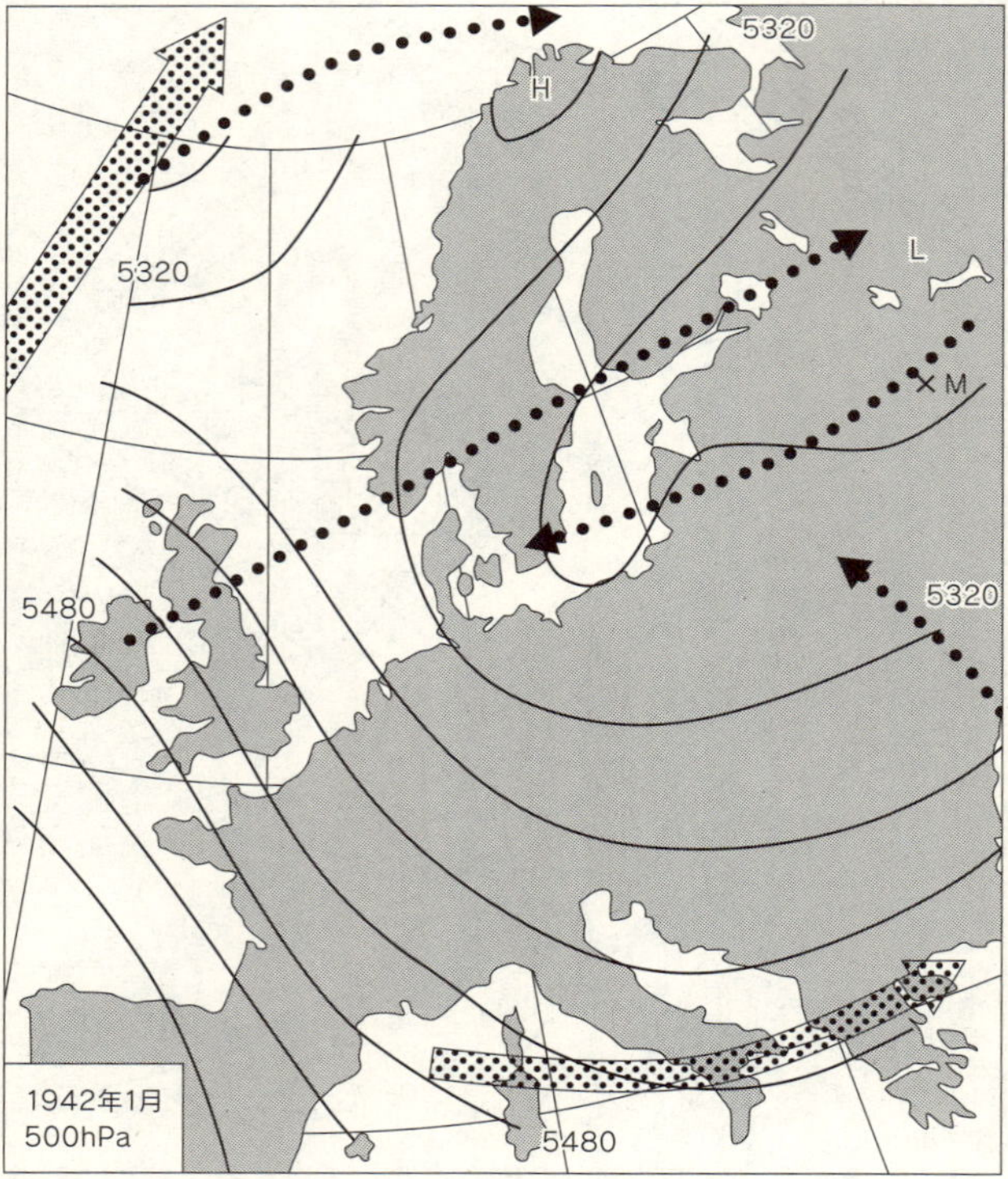

注：500hPa面高度（単位はメートル）　M：モスクワ
　　矢印は地上での低気圧の経路、矢印の幅は頻度を示す
出典：Lejenäs（1989）

図4-6C 500hPa高層天気図（1942年2月平均）

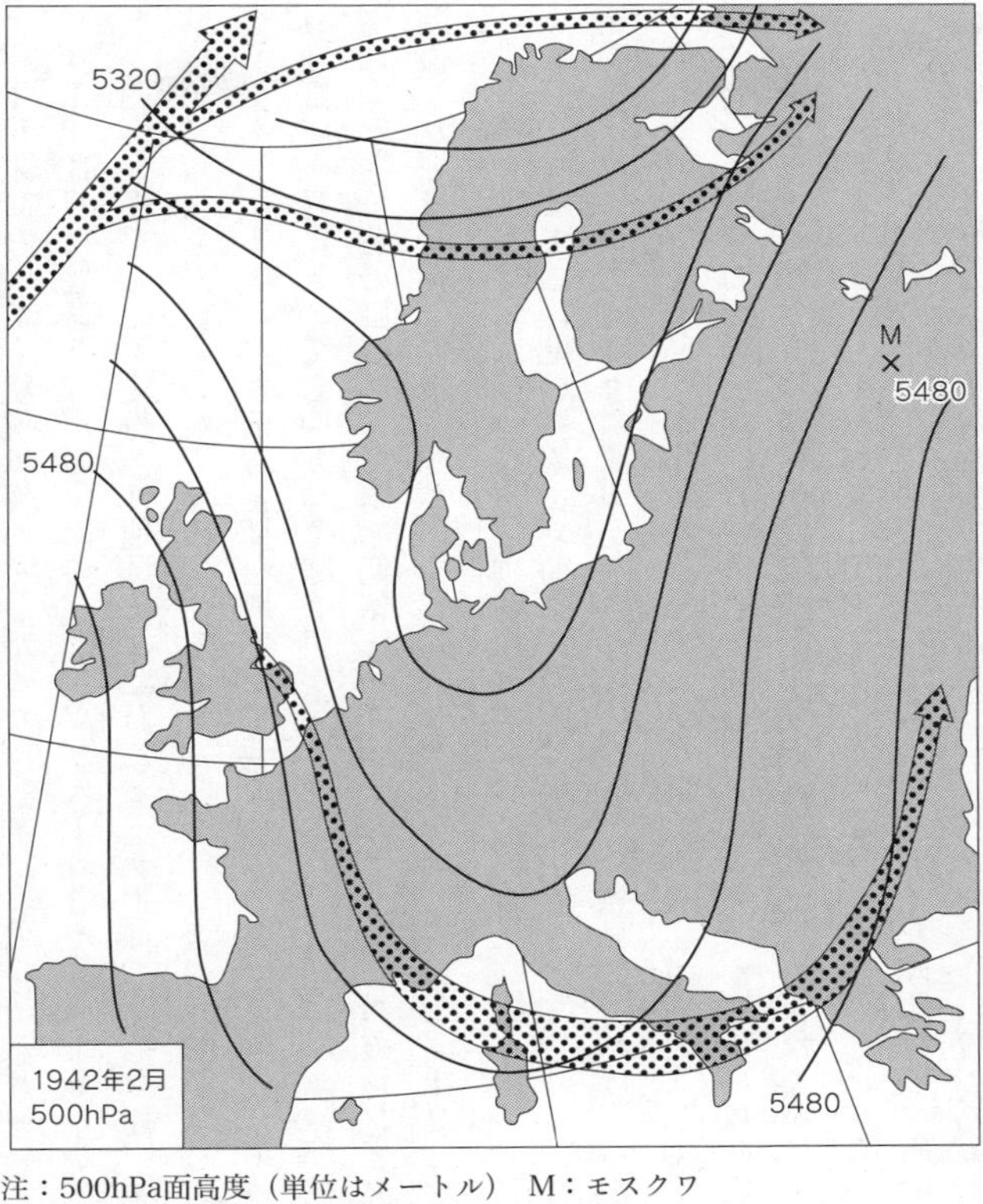

注：500hPa面高度（単位はメートル） M：モスクワ
矢印は地上での低気圧の経路、矢印の幅は頻度を示す
出典：Lejenäs（1989）

の場合、1月末になっても状況は変わらなかった。[16]

1941年12月に始まる赤軍の反撃で、ドイツ軍は100キロメートルから300キロメートル西へと後退した。獲得した地域にこだわるヒトラーは、陣地を死守することを命じ、前線の将軍たちが自らの意思で後退するのを知ると、3人の元帥をはじめとしてグデーリアンやヘプナーといった前線指揮を取った主要な将軍の多くを解任していった。

1942年1月に入っても凍りつく寒い日が続き、1月第3週にはシベリア方向からバルト海に向かって冬の嵐を伴った寒冷低気圧が横断した。ソ連はスモレンスク近くまで失地を回復したとはいえ、赤軍も寒さの中で膨大な損害を出し続けた。1942年4月に雪解けによる春の泥濘期が到来すると、両軍はレニングラードからルジェフ、クルスクと南に下りロストフまでの南北の戦線で対峙し、戦闘は小休止となった。[42]

両軍の損害について、様々な試算がなされている。ある意見によれば、バルバロッサ作戦においてドイツ軍と赤軍で合わせて700万人の兵力が投入されたのに対し、両軍での戦死者や行方不明者は250万人に上ったとする。また、モスクワでの攻防戦での赤軍の損耗だけをみても、12月5日までの防御段階で死傷者数約65万人、反撃を始めて翌年1月までで同じく約37万人、合わせて約102万人という数字がある。一つの作戦行動での犠牲者という点で、世界戦争史上で最大の激戦であった。ドイツ陸軍は独ソ戦開始時に東部戦線において350万人以上の兵力で臨んだが、バルバロッサ作戦での死傷者は80万人を超えた。以後、ドイツ陸軍はソ連との戦争において常に兵力不足に陥ることとなる。[43][44]

5 スターリングラード包囲戦（1942年9月〜1943年1月）

ヒトラーの新たな目標

1942年春になるとドイツ軍は息を吹き返し、再び新たな侵攻を企てた。といっても1941年のバルバロッサ作戦のような大規模な軍事行動が可能な兵力はもはやなく、ヒトラーはソ連との戦争が開戦時に想定した短期決戦ではなく、長期の持久戦になることを覚悟した。1942年4月5日、総統大本営は「東部戦線における最終的勝利」とする指令第41号を発する。具体的な作戦として、北部でレニングラードを占領しフィンランド軍と陸路で連絡をつけるオーロラ作戦と、南部でカフカス油田を奪取することをめざす青《ブラウ》作戦の二つが掲げられた。ドン川を越えて南部侵攻を行うため、青《ブラウ》作戦に大きな兵力が割かれた。

作戦計画中、ヒトラーの目にカフカス地方の北部にあるヴォルガ川流域の都市の名前が焼きついた。それはソ連の指導者の名前を冠する都市であった。スターリングラード（現・ボルゴグラード、以下同じ）は水陸の交通の要地であり、T34戦車を生産する拠点ではあったものの、戦略的に最重要な地点とはみられていなかった。にもかかわらず、敵の指導者の名前をつけた町を落とそうとヒトラーは考えた。かくして南方軍集団は、ドン川を南に渡ってカフカス油田を制圧する兵力100万のA軍と、東に向かってスターリングラードを占領する兵力30万のB軍に分けられた。

6月25日に作戦が開始された。A軍主力の第1装甲軍はドネツ川を越えて東に進んだ。クルスクにいたB軍のヘルマン・ホト率いる第4装甲軍が北東のモスクワをめざさず東のヴォロネジを制圧すると、スターリンもこれからの戦場がロシア南部になると気づいた。B軍の第6軍はハリコフからスターリングラードをめざした。ところが、ヒトラーはロストフ制圧のためのA軍の兵力が不足していると考え、B軍の第4装甲軍と第6軍配下の第40装甲軍団を外し、南へと転進させた。スターリングラード占領はパウルス率いる兵力が減った第6軍だけで行わねばならなくなり、進軍スピードは落ちた。そしてドン川流域の大平原の中の1000キロメートルに及ぶ兵站部の防衛線は、ハンガリーやイタリアの同盟国の兵力が担うこととなった。

ヒトラーの目にはA軍、B軍ともに行動が鈍くみえた。7月16日にウクライナのヴィニンツァの前線司令部を訪れると猛暑であった。暑がりのヒトラーは戦況への不満を倍加させた。ウクライナでの夏の暑さとは、1942年に入ってから発生したラニーニャが関わるものだ。ラニーニャの年、スウェーデンから黒海にかけて高温と少雨の傾向がみられる。

1942年もこうした天候が現れていた。ラニーニャはこの年の秋から冬にかけて戦場の天気に大きく影響を及ぼすことになる。

スターリングラード周辺でも7月下旬から5週間、雨が降らなかった。気象条件がよい中、ドイツ空軍は爆撃機のユンカース87シュトゥーカ、ユンカース88、そしてハインケス111で大編成を組み、スターリングラードへの絨毯爆撃を実施した。8月22日の1日だけで出撃回数は1600回、投下した爆弾は1000トンに及び、この空爆により60万人の市民のうち4万人が犠牲になった。

9月3日、スターリングラードの西側半円状に包囲網が完成し、13日にパウルスの第6軍による市街地への攻撃が始まった。ドイツ兵は2、3日で陥落するだろうと楽観視していた。9月17日に急激に気温が下がり、霜が降り、馬用の帆布バケツの水は早朝に凍った。天気は晩秋の気配をみせはじめていた。

ロシア革命において、ツァリーツィンと呼ばれていたこの都市では、ボルシェビキの赤軍と皇帝派の白軍との間で激戦が繰り広げられた。この時、赤軍の指揮を執ったのがスターリンであり、解放を記念して1925年に彼の名前がつけられた。スターリンにとって自らの名前を冠した名誉ある都市であり、第62軍に対し「一歩も引くな」と指示を出していた。ソ連の第62軍による抵抗は頑強で、中央駅を制圧され軍隊が南北に分断されても降伏することはなかった。ドイツ軍は本来、市街戦に不向きな装甲師団まで投入した。10月

22日には初雪が降る季節になった。市内の9割はドイツ軍の支配下に落ちたものの、市街戦が終息する気配はなかった。[45]

等圧線の二つの型――ゾーナルとメアンダ

日本をはじめとして中緯度にある地域の天気図に描かれた等圧線をみる時、二つの型があることに気づかれた方はいるだろうか。等圧線が東西方向に緩やかに伸びて並んでいるタイプと、南北に傾斜し曲がりくねった山谷の形状を示したものである。これは、大気上空の偏西風の影響によるものだ。中緯度において、偏西風が東西に強く吹く場合をゾーナル（Zonal）、反対に偏西風が蛇行し山谷を形成する場合をメアンダ（Meander）という。日本列島の場合、夏にゾーナルの型になると南に高気圧、北に低気圧という気圧配置（南高北低）で緩やかなカーブを描く等圧線が現れる。冬はシベリア寒気が到来する時期はメアンダ、気候が落ち着く時期はゾーナルと周期的に入れ替わる。メアンダは春や秋に多くみられる。この気圧の様相は南からの暖かい大気と北からの冷たい大気の境界上で前線を形成し、前線の南側の暖気のある地域では気温は上がり雲が多く雨が降る。暖気が東に抜けると前線の北側の乾いた寒気が南に下がり、青空が広がるものの気温は急激に低下する。数日おきに寒暖の差が大きく、変わりやすい天気となる。

ヨーロッパの上空にもゾーナルとメアンダの気圧配置が現れる。図4-6Aをみると、

図4-7 エルニーニョとラニーニャでの欧州におけるゾーナルとメアンダ（1899年～1985年）

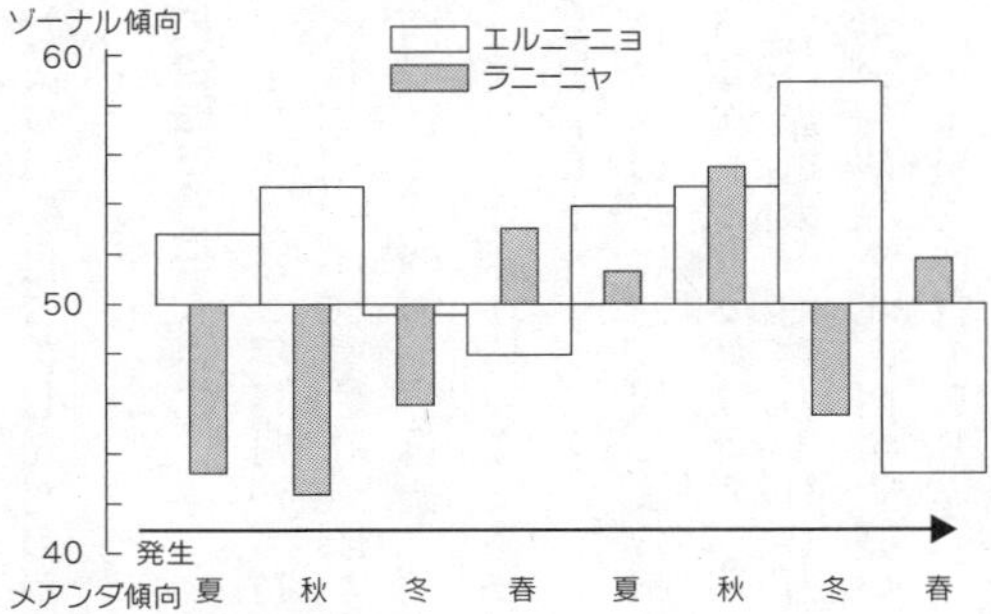

出典：Fraedrich（1992）

1941年12月のヨーロッパ西部から中部にかけては等高度線は東西に延びるゾーナルである。一方、図4－6Cにある1942年2月では、ドイツからイタリアにかけて気圧の谷ができるメアンダが現れている。

ヨーロッパにおいてゾーナルやメアンダといった傾向がどのように現れるか、エルニーニョやラニーニャと関係づけた研究がある。図4－7は1899年から1985年にかけて検証したものであり、白い棒がエルニーニョ発生時のゾーナルとメアンダの傾向、黒影つきがラニーニャ発生時のそれである。これをみるとエルニーニョが発生した年の夏から秋にゾーナルの傾向が強く出ている。一方、ラニーニャ発生時には夏から冬までメアンダの発生確率が極めて高くなっている[46]。

ヨーロッパの秋から冬にかけてメアンダの

パターンが起きると、偏西風が蛇行し天気は数日おきに変わる。やや寒さが和らいで雨や雪が降る天気と、冷たい高気圧におおわれた晴天ながら冷え込む天気が交互に到来する。こうした天気の変化に苦しんだのがドイツ軍であり、逆に利用したのが赤軍であった。

赤軍に包囲された第6軍

表4－2は1942年11月から12月にかけてのスターリングラード周辺の天気の移り変わりを示している。移動性高気圧が通過すると晴れるものの北の寒気が訪れ、低気圧が来ると南西風により降雪が数日続く。雪ばかりでなく、上空の大気が不安定なためか、この時期としては稀な雨が降ることもあった。

11月8日、ヒトラーがミュンヘンのビアホールにおいて、スターリングラードが落ちればモスクワへのヴォルガ川による輸送が止まると演説し、3日後の11日に結果的に最後となる第6軍の猛攻撃が始まった。対して8月に最高司令官代理に任命されたジューコフは、後方にいた赤軍の予備兵力100万人以上をドン川境界に集めていた。ルーマニア軍の守る第6軍の兵站線を北と南から襲い、第6軍をスターリングラードに包囲しようというウラヌス（天王星）作戦である。

11月19日、赤軍は吹雪の中を白い迷彩服をまとってドン川を渡りルーマニア軍を急襲した。ドイツ軍は赤軍の攻撃についてある程度は予想していたものの、ウラヌス作戦では戦

表4-2　1942年11月から12月にかけてのスターリングラードの天気

11月1日～3日	低気圧による南西風 降水
11月6日～8日	湿度高く、寒冷
11月9日～15日	高気圧におおわれる 寒冷だが、天気良好
11月16～23日	低気圧による気圧低下 寒冷、降雪、暴風雪、突風
11月24日～28日	高気圧におおわれる 晴天、乾燥、気温急低下
11月29日～30日	ヨーロッパに気圧の谷 気温上がる、みぞれ
12月1日～3日	気圧の谷 悪天、みぞれ、暴風雪
12月4日～5日	高気圧 乾燥、寒冷
12月6日～9日	高気圧から低気圧へ 暴風雪
12月10日～15日	低気圧による南西風 雨となり積雪ぬかるむ
12月16日～19日	低気圧通過後 寒波到来
12月20日～22日	低気圧性の南西風 雨まじりの雪
12月23日～24日	高気圧におおわれる 乾燥
12月25日～28日	高気圧性の気圧の尾根 前半に気温急低下、後半に積雪始まる
12月29日～31日	気圧の谷 みぞれ、雪

出典：Calviedes（2001）（スターリングラードの気温データ等で修正）

闘の質が違った。第6軍司令部の将校は、「初めてソ連軍はわれわれと同じように戦車を使った」と語っている。3日後の22日、第6軍の27万5000人は赤軍に包囲された。

ヒトラーはレニングラード戦線にいたマンシュタインを南部に派遣し、赤軍の包囲網を破るよう命じた。ただし、前線からの撤退を嫌うヒトラーには、第6軍を救出するという発想はなかった。単にマンシュタインの指揮するドン軍集団が包囲網を破り、第6軍と連携することを狙った。それまでの間、第6軍に対してはスターリングラード近郊に確保している二つの飛行場を使って飛行機による物資輸送でしのげると考えた。ドイツ空軍のゲーリングは、1日500トンを空輸できると断言した。しかし、最初の1週間ですら悪天候により実際の輸送量は合計で350トンにすぎず、第6軍が求める量の1割にも満たなかった。輸送物資のほとんどが燃料や武器であり、27万人を超える兵士への食糧はわずか14トンしかなかった。

第8航空軍団長であった元帥ヴォルフラム・フォン・リヒトホーフェンの日記には、以下の記載がある。「天候は次第に悪化。翼への着氷を起こす霧がかかり、凍るように冷たい暴風雨が襲う」「ソ連軍は悪天候をたくみに利用している。雨、雪、霧のせいですべての飛行は中止されている。苦心惨憺して1機か2機飛び立たせたにすぎない」

マンシュタインは、まだ何とかなると思っていた。12月1日に冬の嵐作戦を明示し、ホトの第4装甲軍により南西部から赤軍の包囲網を突破することを立案し、12月12日に作戦は開始された。ところが翌日の13日に季節外れの土砂降りの雨が降り、作戦開始当初からぬかるんだ道に足を取られてしまう。それでもホトの装甲軍は、コチェルニフスキーから19日までにアクサイ川を渡って120キロメートル前進し、スターリングラードの南方48キロメートルまで迫った。夜になると包囲された第6軍から第4装甲軍の照明弾の明りがみえたという。マンシュタインは、第4装甲軍だけでなく第6軍自らが動いて包囲網を突破すれば、両軍は合流できると希望を抱いた。12月21日から22日が最後のチャンスであった。[47][48]

しかし、第6軍のパウルスは、マンシュタインの提示した脱出作戦を拒否する。実戦可能な戦車がわずか70台しかない手元の兵力では、とても赤軍の包囲網を突破できないと反論したのだ。燃料も不足しており、動かしたとしても30キロメートルしか前進できない。まずもって、ヒトラーはここにとどまれと命令していると。戦後、マンシュタインはこう語っている。「状況上突囲を命じた私の判断が正しかったか、あるいはこの突囲の唯一の好機を断念した方が正しかったは明確には答えられまい。誰ひとりとして、突囲が成功するかどうか確言し得るものはなかったからである」[49][50]

ジューコフが求めた気象予報、そして終結

スターリングラード攻防戦が重大な局面に至る時期、ジューコフはソ連の気象予報官に

二つの報告を求めている。一つは、天気がめまぐるしく変わる中での雲の予想についてである。とりわけ、大気下層に雲ができる日を知りたがった。地上近くの上空100メートル付近まで雲でおおわれれば、ドイツ空軍によるスターリングラードへの物資輸送は中止される。雲が低く垂れ込める日数がわかれば、第6軍の消耗を予測できたからだ。

もう一つが、12月に入ってから急激に気温が下がる時期の予想であった。ジューコフは気温が急低下し、ヴォルガ川の氷結が厚くなって戦車が氷上を通過できるのがいつ頃かに関心をもった。気象予報官が何日と答えたか、記録には残っていない。しかし、それまで雪まじりの雨であったのに対し、12月16日から19日にかけてスターリングラードの気温は急激に下がった（図4－8）。

氷結したヴォルガ川やドン川を渡って、機械化部隊を含む新たな赤軍が北と南からホトの軍団を包囲すべく前進した。第4装甲軍の左翼が危機的状態になったことを知ったマンシュタインは、23日夜に独断で撤退を指示する。この年のクリスマスは、第6軍にとって孤立したことが決定的になった日となった。そして、26日からさらに厳しい大寒波が再び到来し、最低気温は零下20度を下回った[51]。

年が明けると赤軍はスターリングラードに残る第6軍への包囲網を狭めていき、第6軍の生命線であった2つの飛行場は、12日にピトミック空港、そして22日にグラムーク空港と相次いで赤軍の手に落ちた。翌年1月31日に第6軍は降伏し、パウルスは赤軍の捕虜と

図4-8　スターリングラードの気温(1942年12月15日～31日)

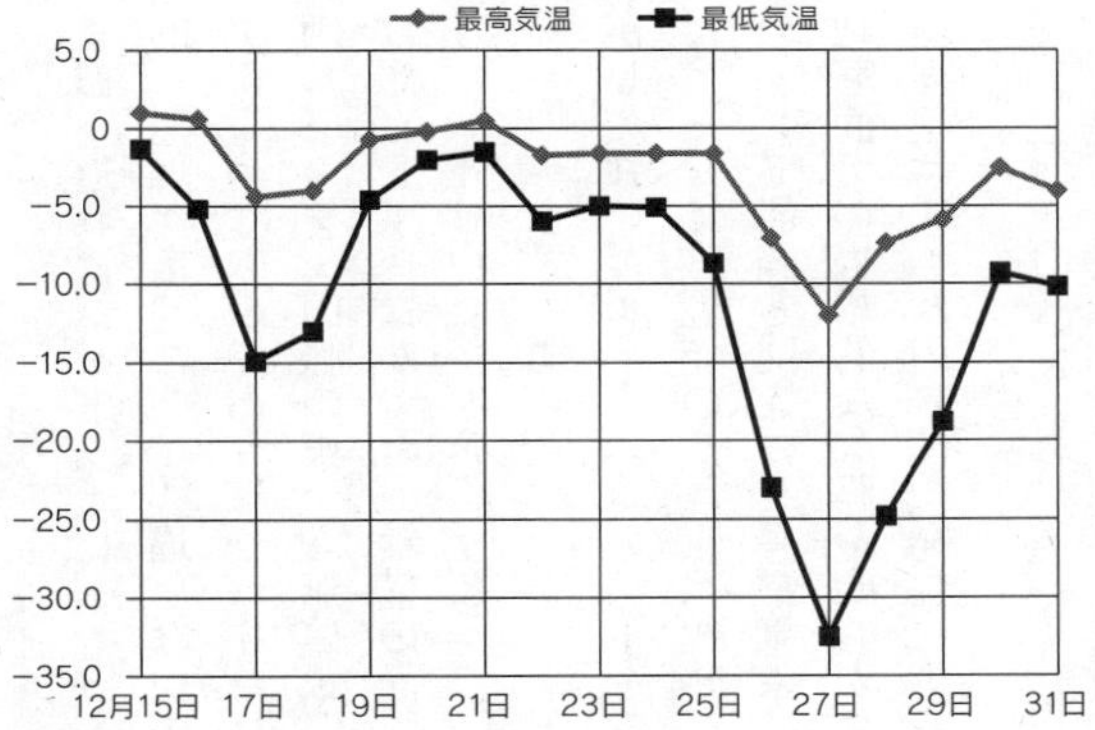

出典：Neumann and Flohn（1988）

なった。

スターリングラード攻防戦でのドイツ軍および同盟軍の損害はおよそ80万人とされ、うち第6軍を中心にルーマニア軍やイタリア軍を含め、23万5000人がソ連の捕虜となった。捕虜はスターリングラード復興のためにヴォルガ川の沈没船の引き揚げといった危険な仕事を担い、その後は主にヴォルガ－ドン運河の掘削という重労働を長年続けた。彼らの中で1955年までに帰国できたのは、わずか5000人にすぎない。一方、赤軍の損害も膨大で、死傷者は112万9619人に上った。

ヒトラーが会議中での長い演説をしなくなり、1人で食事をすることを好むようになったのは、この頃からであったという。グデーリアンは、ヒトラーの左手が震え、その背中が曲がるようになったと回想している。[52]

いま振り返れば、ヒトラーによるロシア西部への生存圏の拡大という野望そのものが、戦略的に無理があったのは間違いない。ヒトラーは、スターリンの国家体制とは絵札を組み立てたようなものであり、一撃すれば簡単に崩れると考えていた。ドイツ軍も赤軍を過小評価し、ウラル山脈の東から無尽蔵ともいえる兵力を送り込んでの人海戦術で立ち向かうとは想定していなかった。兵備の面でも、赤軍がT34戦車に代表されるように、ドイツの戦力と十分対峙できる兵器をもっていることについて、グデーリアンはモスクワ攻防戦が始まってから思い知らされた。

しかし、強いエルニーニョの発生を受けての1941年11月からの冬の寒さは格別だったのだ。そして、翌年のラニーニャ時にはめまぐるしく変わる天気は赤軍に味方した。第3章のインド飢饉と同様に、異常気象は一番弱いところに悪影響を及ぼす。ナチス・ドイツの戦略面での根本的な欠陥を明らかにし、最後に敗北という烙印を押したのが、エルニーニョとラニーニャの一連の発生による天候の変化であったといえるのではないか。

第5章

世界食糧危機（1972年〜1973年）

「アメリカの消費者の夕食をまずは用意した」
——米国生活費審議会委員長、
ジョン・トーマス・ダンロップ

1 エルニーニョ解明の扉が開いた

国際地球観測年——1957年~1958年

世界中の科学者が集まり、地球科学についての調査研究を行って情報を共有化する。このような国際科学プロジェクトが、東西冷戦の最中であった1957年の8月1日から翌年の12月末にかけて、国際地球観測年（International Geographic Year：IGY）と名づけて実施された。

科学者が国際的に協調する調査プロジェクトは、1882年の第1回国際極年（International Polar Year）に始まる。オーストリアの海軍中尉であったカール・ワイプレヒトは北極海のフランツ・ヨゼフ島の学術調査を行った経験から、極地方の観測は世界の国々が結集して実施することに大きな価値があると思いついた。ワイプレヒトの提案は受け入れられ、実施時期は太陽黒点が多く、オーロラ発生が頻発すると予想された1882年の8月1日から1年間と決められた。調査対象は北極および南極を中心に、気象、地磁気、オーロラなどであった。参加国数は12カ国。日本も加わり、東京大学工学部の前身である工部大学に臨時観測所が設置されている。

50年後の1932年、第2回国際極年が第1回と同じく8月1日から1年間にわたって行われた。二度目の実施は、1929年にコペンハーゲンで開催された国際気象台長会議の決議によるもので、国際地球物理学連合会と国際科学電波連合も積極的に関わった。第2回の参加国は44カ国に増え、国際極年と名称は引き継いだものの、調査対象を極地方から中緯度地方や赤道地方まで広げ、電離層観測とともに大気の大循環を解明するとのテーマも掲げられた。標高の高い山岳地での観測が各国で行われ、日本では富士山頂の外輪山南東に当たる東安河原に中央気象台臨時富士山測候所が開設され、越年観測を達成している。

戦後、米国の地球物理学者ロイド・ベークナーやS・フレッド・シンガーらは、ラジオゾンデの普及やロケット観測といった観測機器が発達した点を踏まえ、三度目となる国際調査プロジェクトの必要性を提唱した。そして、1950年7月のブラッセルでの電離層連合委員会において、第2回国際極年の25年後に当たる1958年を実施年にすると決定し、世界気象機関（WMO）も積極的な賛意を示した。調査する地域を極地方に限定しないことを明確に示すため、名称を国際地球観測年と改め、実施期間を1957年7月1日から翌年の1958年12月31日までとした。

調査対象は、地磁気、オーロラ、電離層、太陽、宇宙線、氷河、海洋、ロケット、地震、重力、放射能、そして気象と多岐にわたった。国際地球観測年での調査活動における最大の成果として、地球を取り巻くヴァン・アレン帯と大西洋の中央海嶺の発見がある。

後者は大西洋の海底の裂け目を確認したもので、アルフレッド・ヴェゲナーの大陸移動説の根拠となるプレート・テクトニクス理論へと発展した。

気象の分野において、高層気象観測と大気の大循環が主要な調査対象となった。今日の天気予報を行うに際して、地上観測とともに上空の気圧、気温、湿度の分布や風向・風速を示す高層天気が極めて重要である。上空の大気の変化が暖気、寒気を運び、雲を形成し、雨を降らせるからだ。

気象衛星がなかった時代、高層気象の観測はラジオゾンデと呼ばれる気球に無線機をつけた観測機器が中心であった。１９２４年に米国陸軍通信班の大佐ウィリアム・ブレアによって、最初の気球による気象観測が行われた。翌年８月には日本でも磁気気象計を載せた気球による観測に成功し、１９４４年９月から無線機をつけたラジオゾンデでの観測が開始した。ラジオゾンデによって、上空およそ30キロメートルまでの大気のデータを知ることができる。

ところが、国際気象観測年以前は、各国の観測実施時間は統一されていなかった。各国をまたがる広い範囲での高層気象を知るには同時刻での観測データが必要とされ、国際気象機関は国際地球観測年の実施を踏まえ、１９５６年12月31日付で1日２回、世界協定時(Universal Time, Coordinated：ＵＴＣ)で0時と12時に観測を行うよう要請した。各国はこの要請を受け入れ、１９５７年４月から世界共通の時刻による観測が開始となり、各今日まで継続されている。日本では全国16カ所の気象台などから、世界協定時の0時と12時での高層気象の観測データが得られるよう、日本時間の午前と午後の8時30分にラジオゾンデが上げられている。

気象分野でのもう一つの主要なテーマが大気の大循環であった。当時、地球規模での風の循環というと、熱帯の東風、温帯の西風、寒帯の東風といった大まかなイメージしかなく、こうした風系がどのような要因でできているのか、日射との関係はどうなっているのか、はっきりとは解明されていなかったのだ。高地や極地方、そして熱帯域の観測データがごくわずかであった点が課題とされ、山岳地帯、北極・南極、さらに海洋での観測が行われデータが精力的に集められていった。[1][2]

UCLA気象研究部長、ヤコブ・ビヤークネス

ノルウェー人のヤコブ・ビヤークネス（1897－1975）は、今日の天気図で描かれている温帯低気圧や前線の考え方を発案し、気象学においてノルウェー学派の始祖とされるヴィルヘルム・ビヤークネスの息子である。ヤコブはスウェーデンのストックホルムで生まれ、オスロ大学を卒業した後、北欧を通過する温帯低気圧の発達と衰退をモデル化する研究で若くして脚光を浴びた。1933年以降、何度も米国を訪れ、マサチューセッツ工科大学などで短期の非常勤講師として教鞭を執っていた。1939年7月に家族とと

もに米国に渡ったのも同じ目的で、8カ月間の滞在のはずであった。しかし、この年の9月に第2次世界大戦が始まったため簡単には帰国できなくなり、彼は米国への永住を決意し、翌年の1940年に市民権を得た。

1945年、第2次世界大戦が終わるとビャークネスはカリフォルニア大学ロサンゼルス校に気象学部（現・大気海洋学部）を創設し、初代学部長となった。設立当初、博士課程の学生にジュール・グレゴリー・チャーニーがおり、ビャークネスはチャーニーとともに気圧の変化について数学的に表現する研究を行っている。チャーニーは1950年代にプリンストン大学に移り、フォン・ノイマンとともにコンピュータを用いた気象予報モデルを開発しており、今日のスーパーコンピュータによる気象予報の基礎を築いた人物である。

1950年代末、ビャークネスは60歳を過ぎており、世界気象機関賞の受賞という名声を得ていたものの、研究心が衰えることはなかった。新たな研究テーマとして大気の循環と海洋の関係を選び、大西洋での偏西風とメキシコ湾流の関係から、偏西風が強くなるとメキシコ湾流の勢いが増すことに着目した。そして、数年おきの海面水温の変動と偏西風の強弱の関係についての論文を発表していった。

1957年の春から翌年の春にかけての1年間、強いエルニーニョが発生した。これを受けて気象学者や海洋学者の間で、エルニーニョは、広い範囲の気象に影響を与えているのではないかとの考えが広まっていた。1959年、米国人の海洋学者ウォレン・ウースターはカリフォルニア州の漁業研究誌の中で、エルニーニョとはペルー沿岸に限定した気象現象ではなく、もっと広い範囲で起きるものとして考えるべきだと提唱した。

1960年代に入ると、ビャークネスは研究対象を大西洋から太平洋へと移し、ハドレー循環と太平洋の海面水温の関係に関心をもった。国際地球観測年で得られた観測データを用いて、エルニーニョがもたらす太平洋の海面水温の変動とハドレー循環との関係について研究を進めていった。[3][4]

エルニーニョと南方振動が結びついた

ハドレー循環とは、赤道付近の空気が日射によって暖められ膨張し、上昇気流が起きて大気上層に昇った後、北半球では北極方向へと北上し、北緯20度から30度の亜熱帯地域で上空から地上に降りてくるという、立体的な大気の流れである。南半球でも同様に熱帯の空気は上空で南極方向に運ばれ、オーストラリアやアフリカ大陸南部で地上に降りてくる。ビャークネスは、このハドレー循環がエルニーニョによる太平洋の海面水温の変化とどう関係するかを調べていった。

1966年に発表した論文「熱帯での海水温の変動に対するハドレー循環の応答」の中で、ビャークネスは次のような見解を示した。エルニーニョが発生した1957年の後半において、太平洋熱帯域を吹く東風が弱まると、この影響を受けて太平洋東部の赤道付近で海洋中層から冷たい海水が湧き上がる赤道湧昇が停止している。2年前の1955年では、熱帯の西経10度付近での水温が27度より低い海水が海面下60メートル付近まで上昇していた。ところが、1957年12月時には同じ水温の冷たい海水は海面下150メートルから200メートルより低いところにあり、海面上層は日射により熱せられた海水で満ちていたのである。

そして、海洋上の空気は通常の年であれば東風により太平洋西部に運ばれるのに対し、エルニーニョの年において熱帯域の東風が弱まっているのを発見した。太平洋東部から日付変更線にかけての海域で大気の対流が活発になり、空気は対流圏上層へと昇り、ハドレー循環によって中緯度に向かった。こうした大気循環の変化により、北太平洋の東部において中緯度を吹く偏西風が逆に強まる傾向がみられた。これは空気が赤道から中緯度に向かう場合のコリオリの力による運動量が関係しており、物理学的に説明がつく大気の流れであった。偏西風が強まったことで、その北側でできる北太平洋の冬季の低圧部は、通常の年であればアリューシャン列島付近に位置するのに対し、1957年12月から翌年2月において、アラスカ湾付近と東に移っていた。この低圧部がアラスカからカナダにかけて豪雪をもたらす要因となった。ビヤークネスはこのようにペルー沖の海面水温の変動から、エルニーニョの年の北米大陸西岸の天気の傾向までを分析した。[5]

3年後の1969年、ビャークネスは「太平洋熱帯域に由来する大気のテレコネクション」と題する論文を発表した。1957年だけでなく、1963年夏から1964年、そして1965年春から1966年という、その後のエルーニョの年の観測データを分析に加えたものだ。この論文がエルニーニョ研究に新たな時代をもたらす画期的なものとなる。

まず、ビャークネスは1960年代の二度のエルニーニョにおいても、1957年暮れと同様に赤道湧昇の停止と北太平洋東部での偏西風の強化という傾向があることを確認した。次に太平洋熱帯の東西方向に視線を移した。特に注目したのが、赤道上で日付変更線のすぐ東に位置するカントン島の気温、海面水温、そして降水量であった。通常の年であれば、気温の方が海面水温よりも高い。これは東風によって海面近くの海水が太平洋西部に運ばれ、海洋中層から冷たい海水が昇ってくる赤道湧昇があるからだ。しかし、エルニーニョが発生した年は、海面水温が気温を上回る傾向にあり、このことで対流活動が活発化し降水量が増えていた（図5－1）。

ビャークネスは、ここでギルバート・ウォーカーの示した南方振動、そして南方振動を立体的にとらえたウォーカー循環について思いを寄せた。太平洋東部に高気圧がある時、上空から空気が下降し、降りてきた空気は海面近くで東風として西側に進み、インドネシア周辺で上昇流となる。上昇した空気は大気上層で今度は東に向かう。このウォーカー循環を海面水温と関連づけたのだ。

図5-1 カントン島の気温、海面水温、降水量

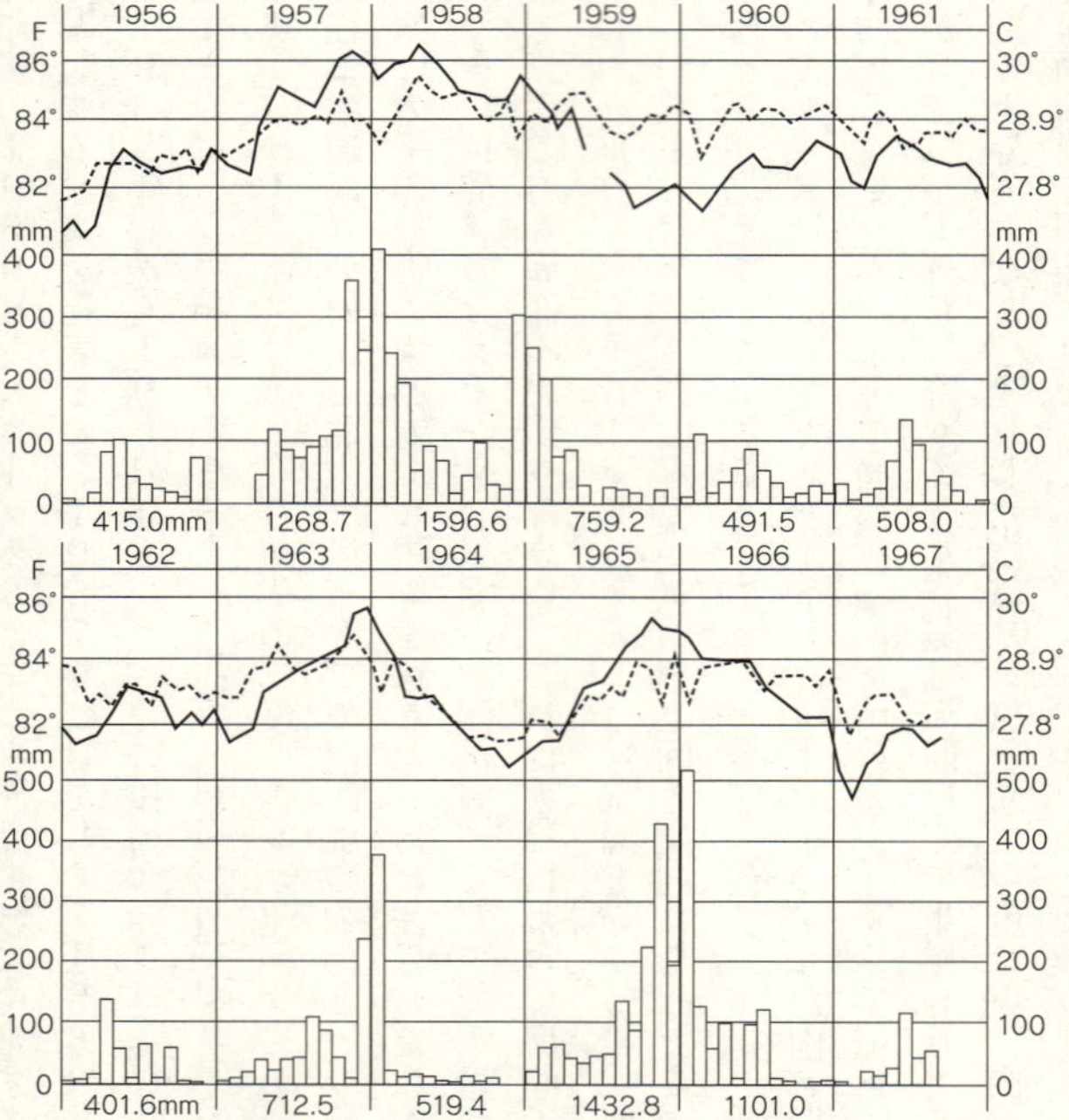

注：実線＝海面水温、点線＝気温、棒グラフ＝降水量、図下数値＝年間降水量

出典：Bjerknes（1966）

ある傾向が起きるとそれを増幅する作用が働き、その傾向がさらに強まっていく現象をポジティブ・フィードバックという。ビャークネスは、エルニーニョやラニーニャが顕在化する過程はポジティブ・フィードバックによるものではないかと考えた。太平洋の東で高気圧、西に低気圧があり、東西の気圧の傾きが大きくなると東風が強くなる。この時、東風が強く吹くことでカントン島付近の赤道湧昇が強まり、海中からの海水が湧き上がって海面水温が低くなる。海面水温が低くなると海面上の気温を下げ、太平洋東西での気温差が大きくなる。気温差が大きくなると、これが太平洋の東西での気圧の差をいっそう広げ、ウォーカー循環を強くする。そして東風がさらに強まり、東西方向での海面水温の温度差や気温差の拡大が続いていく。反対に、エルニーニョの年に東風が弱まると、今度は東西での海面水温の差がなくなり、気温の差も縮小する。気圧差も小さくなることで東風がさらに弱まっていく。

かくしてビャークネスは、「太平洋東部と中央部での海面水温の上昇は、南半球での貿易風が弱まった結果、赤道湧昇が衰えることにより生じている。この変動はギルバート・ウォーカーの南方振動と密接な関係にある」と論文をまとめた。エルニーニョと南方振動が結びついた瞬間であった。１９７０年代以降、二つの概念は並べて標記され、１９８０年代になると「エルニーニョ・南方振動」（El Niño Southern Oscillation）と一語で表現され、略語として頭文字を取ったＥＮＳＯが用いられるようになる。

ただし、ビャークネスはエルニーニョが発生するとその傾向が数年続き、反対の現象であるラニーニャが起きるとその傾向がさらに強まるというポジティブ・フィードバックを明らかにしたものの、エルニーニョやラニーニャが起きるきっかけについては、「よくわからない」とした。そして、エルニーニョやラニーニャが発生する当初の地球全体の気象状況を観測し、海洋を動態的にとらえる科学的発展がなされれば、今後解決するであろうと述べるにとどめている[6][7]。

2 ペルー沿岸でのアンチョビ漁の盛衰

ペルーの三度目の黄金時代

フランシスコ・ピサロがインカ帝国を征服して以降、20世紀に入るまで、ペルーは世界経済に三度大きな影響を及ぼした。一度目が征服時から17世紀初頭にかけてで、金銀が発掘され膨大な量がヨーロッパに運ばれた時期である。ピサロのインカ帝国征服の12年後の1545年、クスコの南東1000キロのポトシで銀鉱が発見される。発掘開始から200年間で、4万トン以上の銀が生産されたという。16世紀に1万64トン、17世紀に1万2899トンという数量である。世界全体の銀生産量をみると16世紀が2万1177トン、

17世紀が3万6060トンであり、ポトシ銀山はその半分から三分の一を担ったことになる。金銀が流れこんだヨーロッパでは、インフレが起きた。小麦価格をみると、英国では1520年から1600年にかけて3・5倍、フランスのパリでは同じ時期に約2倍に上昇した。オランダの物価指数をみても、1506年から1580年にかけてライデンで約3倍、ユトレヒトで2・4倍になっている[8][9]。

二度目が19世紀後半で、ペルー沿岸で採れる海鳥が落とした肥料のグアノに脚光が集まった。第2章で触れたように、19世紀後半、堆肥として効果が大きく軽量なグアノは欧米での需要が大きく、ペルーにとって外貨獲得のほとんどを担う主要な輸出産品となった。1859年の国家財政をみると、米ドルに換算して2200万ドルの歳入に対し、うち1600万ドルがグアノ輸出によるものであった[10]。

カリブ海やアフリカ産のグアノが欧米に輸出されたことでペルー産の需要が落ちたにもかかわらず、イースター島の先住民の悲劇が生まれたような劣悪な環境の中で、労働者を酷使しての採掘は続いた。グアノは数千年の間に数十メートルの厚さで積もっているとはいえ、毎年の堆積と比べて採掘スピードは明らかに速すぎた。鵜、ペリカン、カツオドリといった海鳥（グアノバード）は糞を落とし続けているといっても、1羽の海鳥が1日に落とす糞はわずか50グラムでしかなかった。グアノラッシュと呼ばれた1851年から1872年にかけて1000万トンのグアノがペルーで採掘されたため、ある島では高さが33メートル低下し、1875年頃になると採掘量は急速に減少した。

このため、20世紀に入ると資源の枯渇が懸念されるようになった。ペルー政府はグアノ管理会社を設立し、岩壁のそびえるペルー海岸や沿岸の小島で行われていたグアノの採掘について監視の目を強化し、採掘量の管理を開始した。しかし、このころから肥料としてはチリ硝石が世界中に輸出され、フロリダのリン鉱石も発見されるなど、競合商品が現れた。さらに人工的な窒素固定という技術による化学肥料が開発されると、次第に産業としてのグアノ採掘は衰退の道をたどっていった[11][12]。


三度目の繁栄が、1960年代に隆盛を極めたアンチョビ漁である。アンチョビとはカタクチイワシの一種で、ペルー産の場合はアンチョベータとも呼ばれる。成魚になると体長8センチから20センチとなり、植物性プランクトンを求めて群れをなして泳ぐ浮遊性の魚である。ペルー沖にある沿岸湧昇の海域はアンチョビにとって格好の餌場であり、大量に棲息していた。そして、アンチョビは沿岸で群棲する海鳥にとって重要な餌であった。

1950年代まで、ペルーではアンチョビ漁は制限されていた。グアノ管理会社や農務省の役人は、アンチョビを獲りすぎると海鳥の個体数が減り、ひいてはグアノの新たな堆積が減少することを知っていたからだ。20世紀前半まで、ペルー経済にとってグアノはまだ花形商品とされており、アンチョビ漁の発展は何十年もの間、国家政策として抑えられていたのだ。

ところが、ペルーの沿岸漁業に関心をもった資金の豊富な企業家は、ペルー政府の方針やグアノ管理会社の規制などまったく気にしなかった。企業家たちはペルーでの産業としての漁業に目を向けたのである。単に沿岸に住む人々の食糧としてではなく、北米の畜産業で使用する魚粉としての輸出商品として、またペルー国内で販売される魚油として、需要が大きいことに気づいた。

1950年代、北米大陸西側の沿岸で行われてきたサケ漁は乱獲により壊滅的な状況となっていた。企業家は北米のサケ漁で使用されていた船を買い取り、ペルーの漁港まで運んだ。それまで木造の小船が置かれていたペルーの漁港にシアトルの造船所で作られた鉄鋼のトロール船が並ぶことになった。1953年以降、カリフォルニアにあった魚粉加工工場もペルーの沿岸地方へと移設が進んだ。降水量の少ないコスタ地方は、魚粉加工工場の適地となり、加熱機、摺り身機、乾燥器をプレハブの屋内に設置するだけで十分であった。[13]

1954年、ペルーでは16の魚粉加工工場があり、漁船1隻当たりの平均漁獲量は60トンであった。その10年後、魚粉加工工場はおよそ150を数え、漁船も大型化したことで1隻当たりの平均漁獲高は350トンへと増加した。[14]

こうした漁業の産業化により、ペルーの総漁獲高は1949年から1950年にかけてわずか4万5300トンであったものが、1958年に48万3000トン、1960年に

350万トンと飛躍的に増加していった。リマの北北西400キロメートルにあるチンボテは1940年頃は人口わずか4000人の漁村にすぎなかったが、魚粉加工工場が置かれると1965年には6万5000人の集まる町へと発展し、1976年には23万人をかかえるペルー第四の都市へと変貌した。[15]

乱獲されるアンチョビ

アンチョビを中心としたペルーの沿岸漁業の急激な拡大について、1950年代から科学者は警鐘を鳴らしていた。ニューヨークにあるアメリカ自然科学博物館所属でペルー沿岸の海鳥の調査を何十年も続けていた動物学者のロバート・マーフィーは、1954年に書いたグアノ管理会社への報告書の中で、アンチョビ漁の拡大は必ずや海鳥の個体数を減少させるとした。そして、海鳥たちは自分が食べられる量しかアンチョビを獲らないのに対し、産業としての漁業になると漁獲量に際限がなくなると強調した。

1960年から1965年にかけて、船主や銀行家による資本の論理に押されるように、ペルーの漁獲量は4倍以上となった。1960年半ばになると、ペルー海洋研究所(IMARP)の海洋生態学者は、アンチョビ漁がコントロール不可能なレベルになっていると憂慮した。1964年に発生したエルニーニョにおいて、ペルー沖の海面近くは温かい海水で長期間おおわれて、沿岸湧昇によるプランクトンの浮上が少なくなる。このことで、アンチョビの産卵数が減り、翌年１９６５年のペルーの漁獲高は減少したからだ。こうした事実を、漁業関係者やペルー政府の一部の人々は気にしていた。この年、漁業は月曜日から金曜日までの5日間とし、漁獲の50％以上は体長12センチ以上のものにするといった措置が決められた。

とはいえ１９６０年代、ペルーにとってアンチョビから取れる魚粉や魚油は、米ドル、ポンド、マルクといった世界の基軸通貨を稼ぐ重要な輸出商品となっていた。そして、アンチョビが無限の資源でないなら、毎年どれだけ漁獲していいものかという視点で、最大持続可能漁獲量という発想が出てきた。生態学者はこれを９５０万トンとした。海鳥が２００万トンを食べるとして、残りの７５０万トンが漁業者の取り分としたのだ。過激な科学者の中には、海鳥を大量に抹殺すればこの２００万トンも人間のものになると意見する者もいた。

１９６８年10月に軍事クーデターによって樹立したファン・ベラスコ・アルバラード政権は、外貨獲得手段としてのアンチョビ漁をさらに進めた。外貨獲得の3分の1は、漁業およびその加工産業が稼いでいた。１９６９年2月になるとアルバラード政権は当時、まだ国際法上の慣習でしかなかった排他的経済水域を主張した。そして、２００海里を侵害したとして米国のマグロ船を拿捕《だほ》し、米国との間で数カ月間「ツナ戦争」と呼ばれる紛争を起こしている。軍事政権はソ連から支援を受け、反米的な態度を明らかにしていた。こうした沿岸漁業についてのペルー政府の対応をみると、国内産業を保護する観点はあったものの、そこに自然資源を守るために漁獲量を管理するという発想はなかった。

ペルーは1960年代後半に、日本とソ連を抜いて世界第一の漁業国となった。1968年のアンチョビ漁獲量はおよそ1000万トンで、その年の日本の総漁獲量に匹敵し、彼ら自身が考えていた最大持続可能漁獲量を超えた。1970年にはアンチョビだけで1200万トンを漁獲した。資源が枯渇する前に緊急に対策を講じるべき、とするペルー国内の科学者の声は無視された。外国の漁業者の目には、資源が減っているのに比して漁船や加工工場が多すぎるとみえた。1970年代初め、科学者はアンチョビ漁が破滅の道を歩んでいると警告を発した。そして、1972年にエルニーニョが発生した。[16][17]

ペルー漁業の崩壊とその後の20年間の低迷

1972年の太平洋東部の海面水温をみると、3月から平年と比べて高い傾向が現れ、9月から12月にかけて平年値よりも2度以上高くなり、高温傾向は翌年の3月まで続いた。明確なエルニーニョの発生であり、海面水温の平均値からの偏差でみて、20世紀になってからそれまでに起きたエルニーニョと比較し、はるかに強力なものであった[18]（図5－2）。温かい海水がペルー沿岸に満ちたため、乱獲で弱ったアンチョビの産卵は激減した。1973年、トロール船は空のまま漁港に戻り、魚肉加工工場は操業中止となった。

図5-2 エルニーニョ監視海域における月平均海面水温の基準値との偏差（単位：℃）

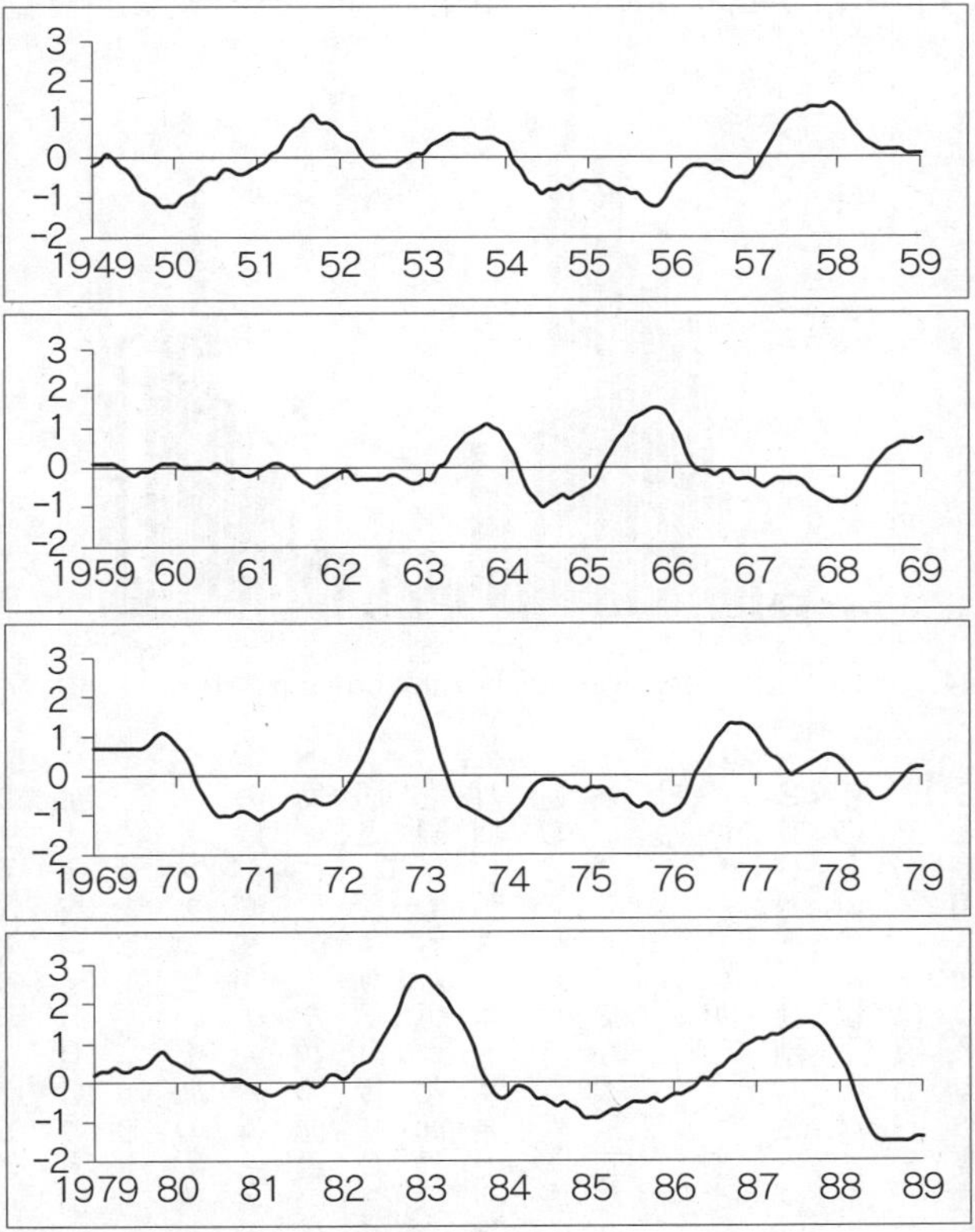

注：NINO.3偏差の5カ月移動平均値
出典：気象庁HP(http://www.data.jma.go.jp/gmd/cpd/data/elnino/index/dattab.html)

図5-3 ペルー沖アンチョビの年間漁獲量推移

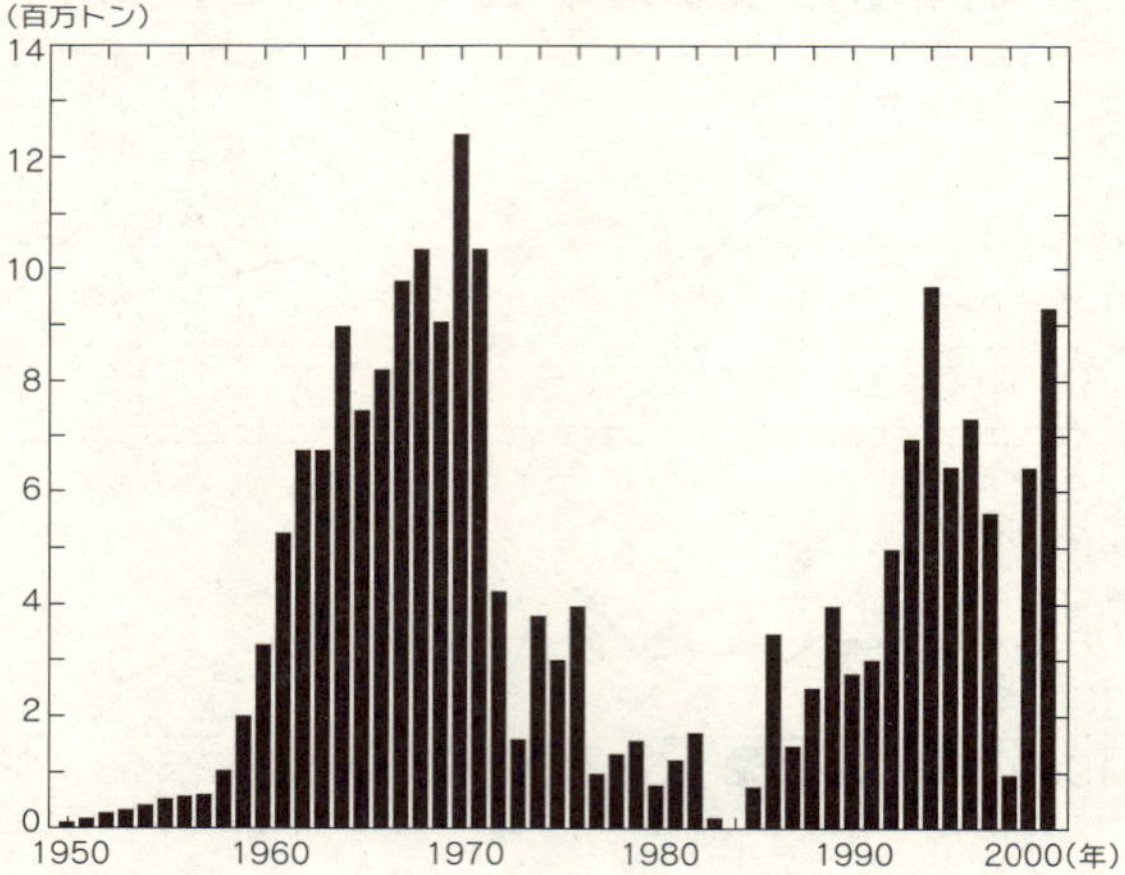

出典：Philander (2004)：Our Affair with El Niño p.241

1975年の末、操業を続けた魚粉加工工場は150のうち51と三分の一に減少した。[19]

アンチョビの不漁の影響を受けたのは、漁業関係者だけでなかった。海岸には膨大な数の海鳥の死骸が放置され、1970年に2750万羽と見積もられていた海鳥は、180万羽しかエルニーニョの期間を生き延びることができなかった。この結果、グアノ産業も壊滅的な打撃を受けた。

1973年のアンチョビ漁獲量は200万トンを割り込み、1971年の5分の1以下となった。乱獲によるダメージは破壊的なもので、その後の10年間の平均漁獲量もおよそ

200万トンで推移した（図5−3）。海鳥の個体数も1982年に800万羽まで戻ったものの、1990年代に入っても1000万羽を超えることはなかった。

隣国のチリでは、アンチョビが不漁になると温かい海域で生育するマアジやイワシへと対象となる魚を拡大し、1975年以降、着実に漁獲量を増やしていった。一方、ペルーではアンチョビにこだわったため、1990年代にアンチョビが戻るまで漁業の低迷が20年間続いた。1994年になってアンチョビ漁が復活し、ようやくペルーはチリ、日本、中国を抑えて、再び国別漁獲量のトップに戻った。2007年時点の国別漁獲量の順位は、中国（1499万トン）、ペルー（722万トン）、インドネシア（494万トン）、日本（444万トン）、チリ（414万トン）、インド（395万トン）となっている。[20][21]

3　エルニーニョによる飢饉は世界に広がった

世界各地での干ばつ、飢饉の発生

1972年春に始まるエルニーニョが襲いかかったのは、ペルーの沿岸漁業だけではなかった。エルニーニョの発生とともに、テレコネクションにより全世界で干ばつ、低温、豪雨といった異常気象が始まった。干ばつはソ連、西アフリカのサヘル一帯、インド、中

図5-4 1972年の異常気象

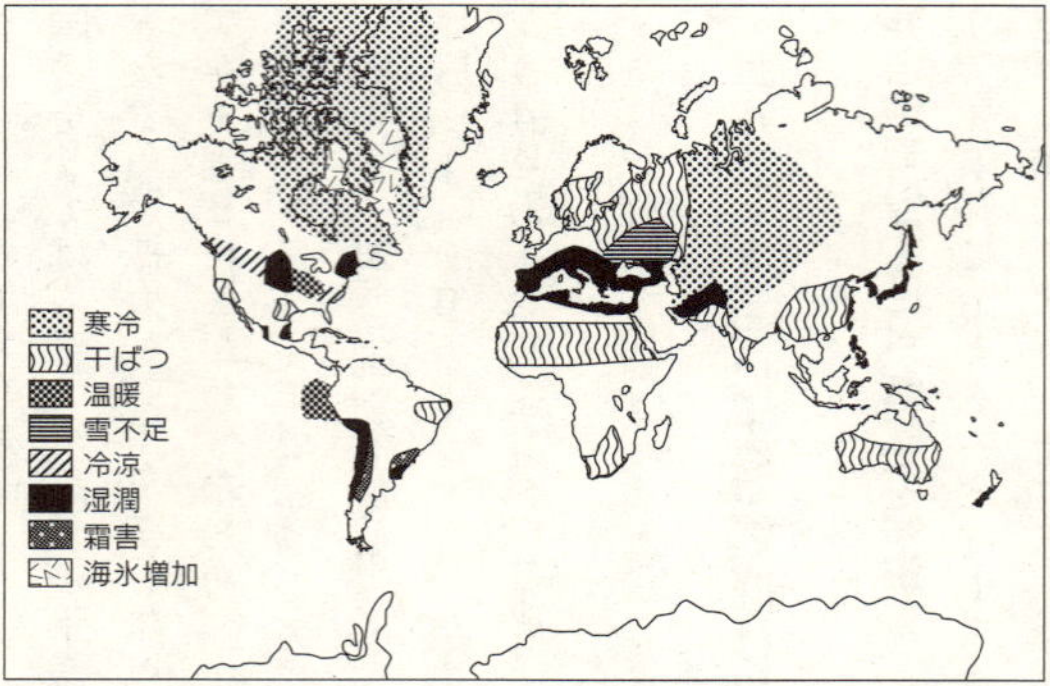

出典：Glantz（1997）p.34

国、オーストラリア、ケニアで起きた。低温傾向は北米大陸北東部と中央アジア、多雨となった地域は、南米大陸西岸、地中海一帯、日本、韓国、ニュージーランドであった（図5－4）。

ソ連では、ウラル山脈西側のヨーロッパ・ロシアから中央アジアにおいて降水量が平年の半分となり、夏の気温は20世紀平均と比べて3・7度も高くなった。このため穀倉地帯であるウクライナの農業が大打撃を受け、ソ連の農業生産は予想された収穫量よりも13％も少なかった。

アフリカではナイジェリアのソルガムやコメ、種実類、エチオピアのコーヒーといった主要農産物の収穫が激減し、大飢饉となった。サヘルからエチオピアにかけて10万人から20万人が死亡したと見積もられ、400万頭の家畜が死んだ。オーストラリアも干ばつとなり、農業生産はそれまでの5年間の平均を25％下回った。インドからバングラデシュ、ビルマにおいて、夏のモンスーンが弱まり、1972年の年間降水量は1913年以降でもっとも少なかった。[22][23]

異常気象の発生により、世界全体の食糧生産は1971年に次ぐ収穫量であったものの、前年比を1％から2％下回ることとなる。食糧生産の前年比での減少は、1945年以降に農業生産の技術が進歩する中で初めてのことであった。この時代、世界全体での食糧消費は人口の増加率に沿って毎年2・5％以上の伸びを示しており、この需要の増加を食糧生産量が平均して毎年3％ほど上昇することで賄っていたのだ。1972年に起きた1人当たりの農業生産高の前年比での大幅な低下と全世界での穀物備蓄の激減は、それまで20年以上にわたってなかった事態を意味した。[24]

緑の革命は異常気象に弱かった

当時、急増する世界人口に対して食糧生産が追いつくのかというマルサス的な論点への解決策として、緑の革命が脚光を浴びていた。緑の革命とは米国ロックフェラー財団の研究者であったノーマン・ボーローグらが提唱したもので、品種改良と化学肥料の大量投入により農業生産を大幅に上昇することができるという考え方である。

アイオワ州の農家で育ったボーローグは1941年にミネソタ大学の農学博士号を取得

した後、メキシコ農業の技術革新に10年間取り組んだ。小麦の品種改良を進め、キノコやカビといった菌類の寄生により発生するさび病への耐性があり、収穫までの時間が短い品種を開発した。彼の作った短棹小麦により、1956年にメキシコで農業自給を達成すると、ロックフェラー財団はメキシコ・プログラムを世界に普及させていった。1966年秋にボーローグの開発した小麦がインドでも植えられ、トウモロコシやコメでも改良が加えられ、緑の革命により多くの発展途上国でも食糧自給が達成できると期待された。ボーローグはこの功績により、1970年にノーベル平和賞を受賞している[25]。

ところが、緑の革命によって生まれた品種は想定される気候のもとでこそ増産効果が大きいものの、高温や少雨といった異常気象に対しては在来種と比較して弱かった。このため、エルニーニョの引き起こした世界各地での干ばつは、農業生産への影響をいっそう大きなものにしてしまったのである。

エチオピア帝国の終焉

エルニーニョの年、熱帯に吹くモンスーンは鈍化する。アフリカ大陸西部では、大西洋からのモンスーンが弱まりサヘル一帯で降水量が激減し、遊牧民は難民となった。同じくアフリカ大陸東部ではインド洋から吹くはずのモンスーンが到来せず、エチオピア高原で熱帯性の豪雨が激減する。

エチオピア高原の降水量が減り干ばつが起きると、青ナイル川、アタバラ川の水量が減り、ナイル川の水を利用したエチオピア低地やエジプトの農業が大打撃を受ける。ナイル川の水源をみると、スーダンを経てヴィクトリア湖に至る白ナイルが距離こそ長いものの水量の割合が30％であるのに対し、青ナイルが60％でその支流のアタバラ川が10％の割合となっている。水量を供給するという意味では、エチオピア高原を源流とする青ナイルがもっとも重要なのだ。[26]

エチオピアでは7月から9月までの間が、クレムトと呼ばれる大雨期に当たる。しかし、1972年はいつものような豪雨はなかった。エチオピア北部のウォロで降水量が不足していることが最初に報道されたのがその年の9月であった。しかし、首都アジスアベバの為政者に留意されることはなかった。この時、最後の皇帝となる1892年生まれのハイレ・セラシエ一世は、80歳になっていた。若いころから記憶力に長け、第2次世界大戦中はイタリアに追われて亡命するものの、国民の絶大な支持を受けて戦後に帰国すると、絶対君主として君臨し続けた。1955年の改正憲法においても、皇帝の神格化が維持され、第4条には「皇帝はその皇室の血によって神聖にして侵すべからざるものである」と定められた。とはいえ、老齢の域にあった皇帝は、1972年に始まるエルニーニョによる大飢饉について何も知らされなかった。関連省庁は報道統制を敷き、飢饉のニュースについてデマか誇張だと言い続けた。

ところが、1972年に始まるエルニーニョの干ばつによる飢饉は、エチオピアでも未曽有のものであった。この年の暮れに現地を訪れた国連エチオピア救援隊のスタッフは、1913年以来の最悪の事態であると語った。4月から5月にかけてベルグという小雨期が訪れるが、1973年の春も前年のクレムト同様に雨は降らず、エチオピアの東部と南部にも干ばつは広がった。

北部のウォロ州、ティグレ州、そして南部のシダモ州で被害が大きく、ウォロ州では1973年4月から8月にかけて5万人から10万人が餓死し、エチオピア全体の餓死者は20万人に上った。エチオピア北部の農民や牧畜民は、首都のある中央部や水がある南西部へと移動し難民となった。ハイレ・セラシエ一世の保守的な絶対王政のもとで、農業技術の発展は滞り、灌漑施設も十分でなかったため、エチオピア農業は干ばつに対して極めて脆弱であった。

農村部での飢饉に対し、都市部では第4次中東戦争後の第1次オイルショックにより1973年秋以降にインフレに襲われ、この年の暮れには1カ月間で物価が20%上がった。1967年5月の第3次中東戦争、そして1973年10月の第4次中東戦争を経て、ソ連はエチオピアの知識層や軍幹部に接近していた。首都でのストライキと暴動、第二の都市であるアスマラでの若手将校による給料の2割引き上げ要求と政府への反抗が相次ぎ、実権は次第にホレッタ・ミリタリー・アカデミー卒業生の軍人エリートへと移っていった。

彼らはデルグ（Derg）というグループを形成していった。
１９７４年9月12日午前3時、デルグは王宮を占拠し、ただちにハイレ・セラシエ一世を射殺した。その後にデルグ内の穏健派はスイスで療養中の58歳のアスファ皇太子を擁立する動きをみせたものの、社会主義を信奉するメンギスツ・ハイレ・マリアム一派によって彼らも一掃された。かくして、３０００年前のシバの女王の生んだメネリク一世を初代の王とし、１２７０年以降続いてきたエチオピア帝国は終焉を迎えたのである。[27]
デルグが主導する暫定軍事行政評議会は、１９７４年12月20日に社会主義国家をめざすと表明し、3年後の１９７７年に臨時軍事行政評議会の副議長であったメンギスツが実権を握ることになる。メンギスツは以後、10年以上にわたって独裁政権を維持し、１９８７年に共和制とする憲法改正を行い、１９８８年には自らが初代大統領に就任した。
１９８０年代も干ばつが繰り返し発生し、国内の混乱が長く続く時期であった。メンギスツはエリトリア独立運動やイスラム教徒への内乱に恐怖政治で対応し、戦乱が止むことはなかった。１９８２年に始まるエルニーニョの干ばつの影響から１８８４年には飢饉となり、ウォロ州コレムで6万人が犠牲になった。１９８４年3月の時点で、スーダンに流れた難民は49万９０００人、ソマリアへの難民は70万人と推定された。さらにエルニーニョが再来する１９８７年から１９８８年にかけても干ばつが深刻化し、同じように難民は国境を越えて西側のスーダンや東側のソマリアへと大量に移動している。こうした中で、エリトリア人民革命戦線の仕掛けるゲリラ戦に対し、政府軍は次第に劣勢になっていった。この時期、約100万人が飢餓と戦争により死亡し、200万人以上が難民として隣国の国境を越えた。[28][29]

そして、今度はメンギスツが国を追われることになる。1991年5月にエチオピア人民革命民主戦線により社会主義政権は打倒され、メンギスツはジンバブエへと亡命した。メンギスツの政権も、17年前のハイレ・セラシエ一世の帝国と同様に、エルニーニョによる飢饉が大きな要因となって崩壊した。

4 ソ連の穀物緊急輸入、米国の大豆輸出禁止

1960年代後半、米国は過剰穀物に悩んでいた

1960年代、米国は小麦を中心に農作物の過剰生産に悩んでいた。アイゼンハワー政権下で1954年に成立した「農産物貿易促進援助法（公法480号）」による米国農産物の輸出が頭打ちになっていたのだ。この法律は、1950年代に米国で余剰穀物が増加し、小麦在庫だけで農産物の世界貿易量に匹敵するまでに膨らんだ状況下で制定されたものだ。主な輸出相手国として、ヨーロッパ各国、日本、そして発展途上国が対象とされ、

米国の農業者に支払う国内支持価格とそれを下回る国際価格の差を輸出補助金として埋めると いうもので、食糧援助という意味合いもあった。

ただし、米国が税金で補塡してまで輸出を拡大したのは、余剰穀物の処理だけでなく、自国の農産物の市場を広げるという狙いがあったからだ。公法580号は1966年に改正され、「平和のための食糧法」との美名がつけられ、長い年月をかけて農産物を受け入れる国に対して輸入依存体制を誘導していった。1960年代の日本で米食に代わってパン食が拡大していったきっかけも、この農産物貿易促進援助法によるところが大きい。そして、国内の小麦生産は米国の安価な商品によりその後も生産の拡大が進まず、現在に至っても日本農業の生産品種の多様性を狭める一因になっている。

しかも、米国が相手国から受け取る売却代金は現地通貨でよいとされた。売却代金がその国への政府借款や投資に向かうことで、米国の経済的な支配権を拡張する狙いもあった。米ソ冷戦時代、南米や東南アジア諸国において親米政権を樹立する手段にもなった[30]。

ところが1960年代後半になると、輸入国が購入する農産物が減り、世界全体での取引量が鈍化した。米国の小麦備蓄も増加し、農業者の受け取る生産者価格は低迷していた。価格維持のため、米国農務省はカナダと同様に小麦の作付面積を制限せねばならない事態に陥っていた[31]。

米国の政策転換

1963年9月、ケネディ政権は、カナダがソ連向けに小麦680万トンを約5億ドルで輸出したと発表したことを、複雑な心境で眺めていた。キューバ危機から1年も経っておらず、国内では反共感情は根強かった。しかし、一方で農民は、小麦を売ることができるのであれば共産圏の国々でもいっこうにかまわないと声を上げるようになっていた。

ケネディは翌月、それまで打ち出していた一粒の小麦もソ連に売却しないという政策を転換した。ソ連に向けて400万トンの小麦と小麦粉の売却を認可し、条件として船積みの際に5割は米国船を用いるようにとの指示を出した。船積み条件は、米国の港湾労働者の雇用を守ることで国内の労働組合を懐柔するための措置であった。この時に米国がソ連への輸出のために支出した補助金は170万ドルであり、米国政府としては、ソ連という大市場を開拓するコストと考えればけっして高くないと説明した。

とはいえ、認可制と米国船での船積み5割という制約は厳しく、1960年代後半に至っても米国からの対ソ輸出は低迷が続いた。カーギルやコンチネンタルなどの穀物メジャーと呼ばれる巨大穀物商社は、米国産の食糧ではなくアルゼンチンなどの他国産品を迂回させて取引を続けたが、その取引量も芳しくなかった。

1970年代になると米国の貿易赤字が膨大になり、ニクソン政権は1971年8月15日に金とドルの交換停止を発表した。いわゆるニクソン・ショックであり、1ドル360

円の固定相場制から変動相場制に移行し、ドルの通貨価値の下落が始まった。米国政府は貿易赤字を縮小するための方策として農産物の輸出拡大に目を向けた。金ドル交換停止の2カ月前に当たる6月11日、ニクソン政権はケネディが決めたソ連と中国への食糧輸出の認可制と船積み規制を撤廃する。同年11月、農務長官はクリフォード・ハーディンからアール・ラウアー・バッツに交代した。バッツは農業関連ビジネスの支援を長年受け、米国農産物の輸出拡大を声高に訴え続けた人物であった。

一方、国家安全保障担当の大統領補佐官であったヘンリー・キッシンジャーは、ソ連への食糧輸出を緊張緩和《デタント》と結びつけることを画策していた。１９７２年2月、キッシンジャーは農務省にソ連が米国の穀物を買いやすくなるよう借款を整備し、米ソでの取引成立に向けたシナリオを描くよう指示を出した。[32]

世界史上、最大の穀物取引

ソ連では１９６０年代後半から米国式の食事が普及し、食肉の消費量が著しく上昇していた。このため飼料用穀物の不足が常態化したのだ。１９７０年、１９７１年と2年連続で豊作であったにもかかわらず、外国から約5億ドル相当で７８０万トンの穀物を輸入する状況であった。

１９７２年4月、新任農務長官のバッツは農務次官のクラレンス・パームビーとともに農業代表団を連れてモスクワに乗り込んだ。バッツはモスクワの米国大使館で、農務担当官から平年と比べて降水量が少なく、モルダヴィアやウクライナのソ連の穀倉地帯の土壌中の水分が不足し、ドン川の水位がひどく下がっていると報告を受けた。しかし、バッツは相手の事情を深く考慮せず、取引成立に向けて前のめりになっていた。

米国側はソ連が7億5000万ドル以上の穀物を買うなら、5億ドルを上限とした借款に応じる用意があると提案した。3年間で1200万トンに相当する規模である。この時、ソ連の外国貿易代理のクズミンは、借款の金利条件の6・125%が高すぎると難色を示した。5月22日から29日にかけて、ニクソンが軍縮交渉のためにモスクワを訪問し、最高会議幹部会議長のニコライ・ポドゴルヌイや首相のアレクセイ・コスイギンとの会談をもったが、この時も穀物取引についての交渉の進展はなかった。

ソ連では毎月25日に収穫予想がまとまる。6月25日の報告は、悲惨な数字が並んでいたと推測される。翌日、ソ連輸出公団総裁のニコライ・ベローゾフは、米国国務省に対してただちにビザを発行するよう要請したのだ。ベローゾフは穀物輸送の専門家を連れて28日にはワシントンに入り、マジソン・ホテルに宿泊した。ソ連との取引に深く入り込んでいたコンチネンタルの社長マイケル・フライバーグは、6月29日にパリでの休暇を急遽止めてワシントンに向かった。カーギル、クック、ブンゲといった穀物商社各社も交渉人をワシントンに送った。

ベローゾフはまず米国農務省に対し、４月に米国政府から提示のあった借款協定を受け入れ、細部の交渉を開始したいと伝えた。そして実務者をワシントンに残すと、自らは穀物商社との取引交渉を行うために７月２日にニューヨークのリージェンシー・ホテルへと場所を移した。

コンチネンタルにとって、交渉の鍵を握るのは輸出補助金であった。小麦を例に取ると、この時の米国からの積み出し価格は１ブッシェル当たり１・63ドルで、これは１トン60ドルに相当した。これが国際価格であり、これより高いとカナダ産やアルゼンチン産に負ける。一方、国内市況は１ブッシェル当たり１・66ドルを示していた。交渉が成立したら、コンチネンタルは米国内で小麦をかき集めなければならない。大量買い付けすれば国内の小麦価格はさらに上昇するだろう。果たして、米国政府はこれまで通り内外価格差についての輸出補助金を出すのだろうか。

７月３日、副社長のバーナード・スタインウェッグはワシントンに飛んで、農務次官のキャロル・ブラントへイバーに会い、ソ連が小麦を買う気になっていると伝えつつ、輸出補助金が支払われるかどうか確認した。ブラントへイバーは、２年以上維持している１トン60ドルの目標価格を維持すると回答した。穀物商社が販売証拠書類とともに補償請求をすれば、政府はただちに補償金を支払う。請求日は契約締結時でも出港後でもかまわないというものであった。

7月4日、ベローゾフはニューヨークでワシントンから戻ったばかりのスタインウェッグに購入量を伝えた。小麦400万トンと飼料用トウモロコシ450万トンという数字が示されると、コンチネンタルの幹部は緊張した。小麦だけをみても、1971年の米国の輸出総量の4分の1弱に相当し、小麦の年間収穫高の8%に相当したからだ。7月5日に仮契約が結ばれ、翌々日の7日に正式契約の運びとなる。

ソ連は米国政府と借款協定についても、締結に向けた細部の詰めを同時進行で進めていた。8日に政府間で合意がなされ、翌々日の10日に米国政府はソ連が今後3年間にわたって総額7億5000万ドルの穀物を買い付けると発表した。このための借款協定として初年度は2億ドル以内、その後は5億ドルを上限に金利6・125%で米国はソ連が望む時に信用供与するプログラムが用意された。4月にバッツがモスクワで提示したものとほぼ同じ内容であった。ソ連が妥協したかにみえた。米国農務省は、これで過剰在庫という米国農業最大の課題が解決できると笑みを浮かべた。「世界史上、もっとも大きな穀物取引である」とバッツは豪語した[33]。

しかし、ソ連はしたたかだった。米国政府が政府間合意を発表した同日、ニューヨークで小麦をカーギルから100万トン、ルイ・ドレフェスから57万トン買った。さらに翌日、クックから小麦60万トン、そして20日に再びコンチネンタルから小麦100万トンの購入契約を結んでいる。穀物市況が閉まり、価格が上昇する前に迅速に大量の買い付けを行ったのである。21日にベローゾフ一行はアムステルダム経由で帰国した。この時までの買い付け量は1185万トンで、米国の年間穀物輸出総量の3分の1に達するものであった[34]。

穀物価格の高騰

米国政府は、ソ連が米国の穀物市場でゆっくりと購入していくものとばかり思っていた。ところが、8月に入ると米国内の小麦価格が急激に上がる事態を目の当たりにして、米国政府は苛立った。2カ月足らずの間に30％近く上昇したのだ。輸出補助金の計算基礎となる目標価格は1ブッシェル当たり2ドル01セントとなり、これは輸出補助金が38セントになることを意味していた。8月24日になると小麦価格は1ブッシェル当たり2ドル11セントへとさらに上昇し、補助金の積み上げが必要になった。米国政府は、8月23日までに成約したものについては、輸出補助金請求を受けつけるものの、今後は制度を当てにしないよう穀物商社に通告した。以後、補助金金額は引き下げられ、9月22日にゼロとなる。とはいえ、8月25日から9月1日までの1週間で、ソ連の穀物輸入のために米国政府が支出した補助金は1億3000万ドル以上に上った[35]。

農務長官のバッツはソ連が購入した規模全体について、9月19日の農業小委員会で農務次官が報告するまで把握していなかった。非難がバッツに集まった。食肉業者は飼料用トウモロコシの価格上昇で頭数削減を行い、消費者は食糧価格上昇への抗議行動を展開していった。そして、ソ連は「穀物の大強盗（the great grain robbery）」と呼ばれることになる。

ソ連の大量買い付け前、米国の小麦在庫は2350万トンであったのに対し、1年後には700万トンにまで落ち込んだ。世界全体でのあらゆる穀物の在庫量は1972年夏から1974年夏にかけて4000万トン減少している。在庫が減少することで、需給関係に変化が生じ、1973年にかけて穀物価格が上昇していった。小麦の需給がひっ迫すると、ソ連はしたたかに船積み前で米国に置かれていた小麦を市場価格で転売してもいいと提案している。市場価格で売ることでサヤを抜こうと考えたのであった。[33]

ニクソンは1972年11月の大統領選挙までは、賃金と物価を据え置くインフレ対策を講じてきたが、選挙後になると物価統制を緩めた。すると食品価格は上昇のスピードを増した。1972年12月以前の消費者物価指数の伸び率が3・4％であったのに対し、翌年の2月以後、伸びは2倍から3倍になった。インフレの進展で1ドル308円の交換比率を維持できなくなり、世界各国は2月から3月にかけて相次いで変動相場制に移行していく。ドルの価値が下落する中で米国のインフレは止まらず、6月の卸売物価は1月対比で19％上昇となった。国際市場での小麦価格も5月初めから急騰し、1ブッシェル当たり3ドルを超え、前年同期比の2倍近くになった。[36][37]

米国政府の大豆輸出禁止

穀物価格の中で、とりわけ急騰が目立ったのは大豆であった。米国において、大豆は主に油脂を取るために栽培されてきた。大豆を搾った粕には良質なタンパク質が含まれているからである。とはいえ大豆の場合、開花期の適温が25度から30度と高く、日照時間を必要とする上、連作障害を起こすことから、耕作適地は限られていた。第2次世界大戦後、米国農業での大豆生産高は小麦やトウモロコシには遠く及ばなかったものの、世界全体の3分の2が米国で生産されていた。欧州では自然条件の面から大豆の栽培が難しく、植物性タンパク質の自給率は2%程度しかなかった。世界貿易の面で、1965年から1969年にかけて、米国のシェアは89・8%を占めていた。[38]

1972年から飼料穀物としての大豆の需要が急激に高まった背景に、エルニーニョの発生による南米大陸沿岸でのアンチョビの不漁があった。ペルーならびにチリで漁獲されたアンチョビは、欧米に向けて家畜飼料として輸出されていた。アンチョビの水揚げが激減した時、代替品としてタンパク質を豊富に含む大豆に脚光が浴びたのである。米国だけでなく欧州の畜産農家も大豆を買い求めた。米国の欧州への大豆飼料の輸出量は、1949年の4万7000トンに対し、1972年から1973年にかけておよそ500万トンへと急上昇した。需給のひっ迫により、日本でも1973年年初より、豆腐の価格が3倍あるいは4倍と上昇していった。[39][40]

このように大豆の価格上昇は小麦やトウモロコシ以上に大きく、1973年4月中旬、シカゴでの大豆先物相場で1ブッシェル10ドル台に入り、前年比の4倍の価格となった。6月に入っても市場での過熱は衰えず、食肉価格の上昇により米国内で国民の不満がさらに高まっていた。米国商務省は取引業者に対して、6月13日までの穀物の輸出契約残高を翌週20日までに報告するよう求めた。

そして6月27日、商務長官のフレデリック・デントは穀物輸出規制の第一段として大豆の輸出禁止措置を発表した。さらにトウモロコシの輸出需要が増えれば、これも規制すると付言したのである。欧州や日本に対し農産物の市場開放を迫っていた米国にとって、輸出禁止は両刃の剣でもあった。しかし、生活費審議会委員長のジョン・ダンロップは、「アメリカの消費者の夕食をまずは用意した」と語り、政府の決定に賛意を送った。[41]

日本への打撃は大きかった。1972年の大豆自給率はわずか3％であり、輸入量の92％を米国に依存していた。輸入契約も長期契約ではなく、3カ月程度先までしか行っていなかった。6月29日の朝日新聞の紙面では、「もし米国からの食糧輸入が止まったら」との記事が掲載され、「国民の4分の1が飢餓線をさまよい、4分の3の畜産製品が口に入らなくなる」と予想している。日本政府は投機防止法を成立させ、買占めや売り惜しみといった行動に対して経済企画庁が監視することとなった。

7月2日、米国商務省は、前月27日に発表した大豆輸出の全面禁止から輸出量の削減へと緩和する内容を発表した。期間を9月15日までと区切り、輸出量は契約量に対して各国一律で大豆で50％、大豆粕で40％へと削減し、国別の考慮は一切しないとするものであった。

7月4日、海外からの需要が殺到したカナダでも大豆や菜種の輸出を規制する方針を立て、16日には欧州委員会でも穀物輸出を規制する準備を開始した。

8月に商品相場は再び暴騰した。カナダでは飼料用トウモロコシは1週間で25％値上がりをみた。シカゴ先物市場においても、小麦は1ブッシェル当たり4ドルから5ドルと1年前の3倍になり、飼料用トウモロコシの価格も同様で3倍に上昇した。6月下旬に1ブッシェル12ドル台に入っていた大豆は、米国政府の輸出禁止措置の発表後に半値に下落したものの、その後は再び値を上げ、8月に入ると9ドルから10ドルで推移していた。小麦の需給も心配されるようになった。前年のエルニーニョによる干ばつにより、オーストラリア、ブラジル、アルゼンチンといった南半球の国々でも小麦などの穀物が不作であったことが、大きく影響していた。

世界各地の食品価格をみると、ニューヨークで年初から約2割上昇し、シンガポールでは前年比で小麦が2倍、タイ米が3倍となった。ローマでは前年比でワインが31・6％、果実が22・9％、食肉が16・4％、パンが7・4％上昇している。東京でもステーキの価格は1年間で12・1％上がった。[42]

8月9日、米国農務省は夏の収穫が予想より下回ったことで今後の在庫推移に懸念があるとし、規制を延長する検討に入った。15日になると、小麦価格も依然として上昇している点から、対象品目に小麦を加えるかもしれないとの情報が流れた。

8月22日、国連小麦委員会は世界全体の消費需要を賄うには不足しているとし、ひっ迫した状況が続くであろうと報告した。米国内では米国農務省に対し、小麦とトウモロコシも輸出品目に加えるようにとの圧力が強まった。

しかしながら、9月になって1973年夏の収穫が豊作であることがはっきりすると、穀物先物市場は下落し、8月半ばに1ブッシェル3・24ドルであったトウモロコシは、9月初旬に2・30ドルまで下がった。7日、米国商務省は9月15日までとしてきた輸出規制を予定より早く同日付で全面解除すると発表した。背景には、穀物相場の鎮静化を考慮しただけでなく、翌週の12日から開催される関税および貿易に関する一般協定（GATT）の東京ラウンドにおいて、米国政府として農産物の市場開放を迫る狙いがあった。

5 そして、世界は変わった

穀物貿易は世界的規模で拡大

1972年は米国の農業にとって転機となった。1950年から1970年にかけての輸出量は小麦が1000万トンから2000万トン、トウモロコシが250万トンから1250万トンへと伸びていた。これと同じだけの増加量を1971年から1972年のわずか1年で達成したのだ。輸出金額でみても、8242万ドルから1億4984万ドルへと急増した。米国の穀物輸出量の増加を主因として、世界貿易での穀物取引量も1億1400万トンから1億5700万トンへと増えた[30][37]。

1973年秋になると、穀物需給が危機的状況ではなかったことが明らかになった。大豆は市場の需要を満たすだけの十分な量があったのだ。しかし、世界中に農産物市場が広がったことで、国際価格はもとには戻らなかった。大豆の価格は1977年4月においても1ブッシェル9ドル以上で維持された。かくして米国にとって農業は、貿易赤字を穴埋めする重要な輸出産業となる。1970年代後半になると、1960年代に小麦の過剰在庫を抱え、作付面積の縮小を行いつつ補助金を付与してまで輸出していたことが嘘のようであった[43]（図5－5）。

図5-5 米国の小麦価格と在庫量

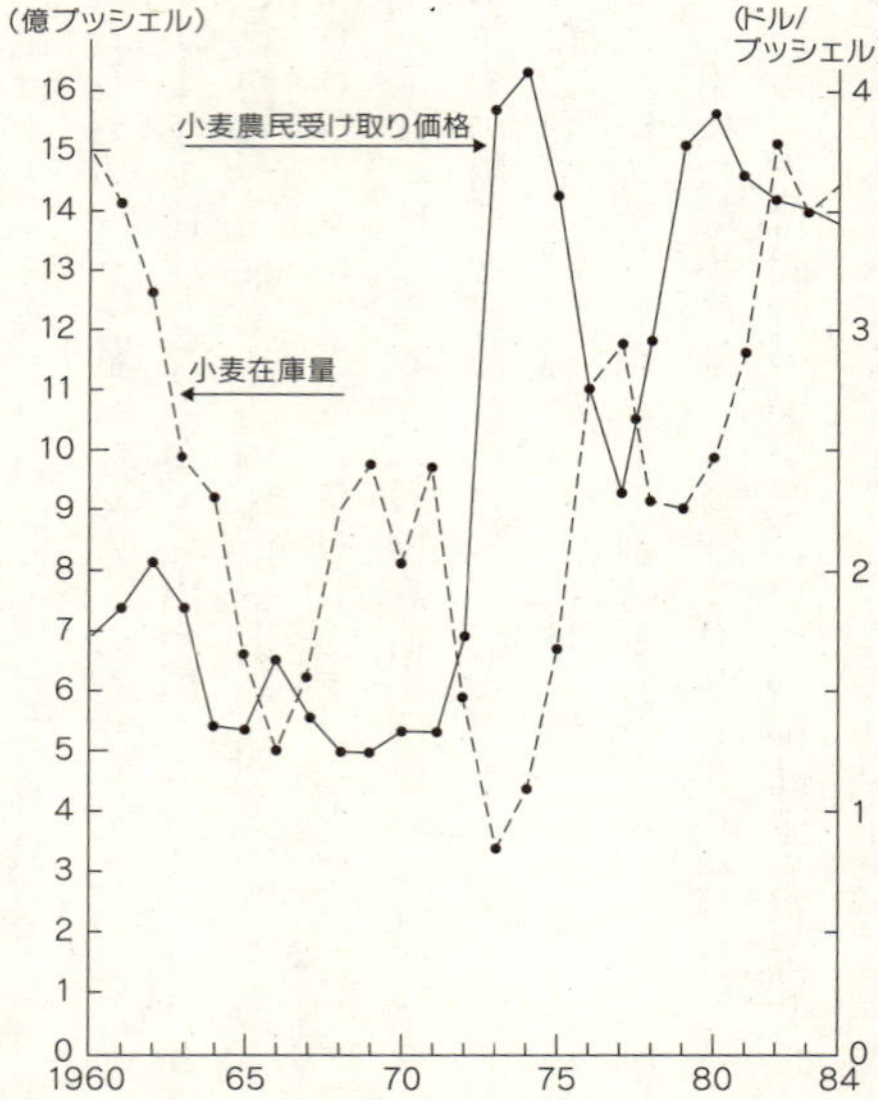

出典：服部（1986）：現代のアメリカ農業. p.32

農産物の貿易の決済も１９７２年以後、現金取引へと変わっていった。それ以前、農産物の輸出というと、食糧難に悩む発展途上国への食糧援助という意味合いが強かった。穀物の代金決済のために国家間で借款協定を結び、輸入国は借りた金で米国の農民に支払うという方法が多用されていた。１９７２年の米ソの穀物取引も借款協定が用いられた。ソ連は巨額のドル通貨で支払うためには国内で採掘された金を大量に市場で売却せねばならず、借款協定による借入は彼らにとってすら必要不可欠なものであった。

ところが１９７３年以降、米国の農業はビジネスに変貌した。米国の食糧援助は国内の

図5-6 大豆の生産量：世界全体、米国、ブラジル

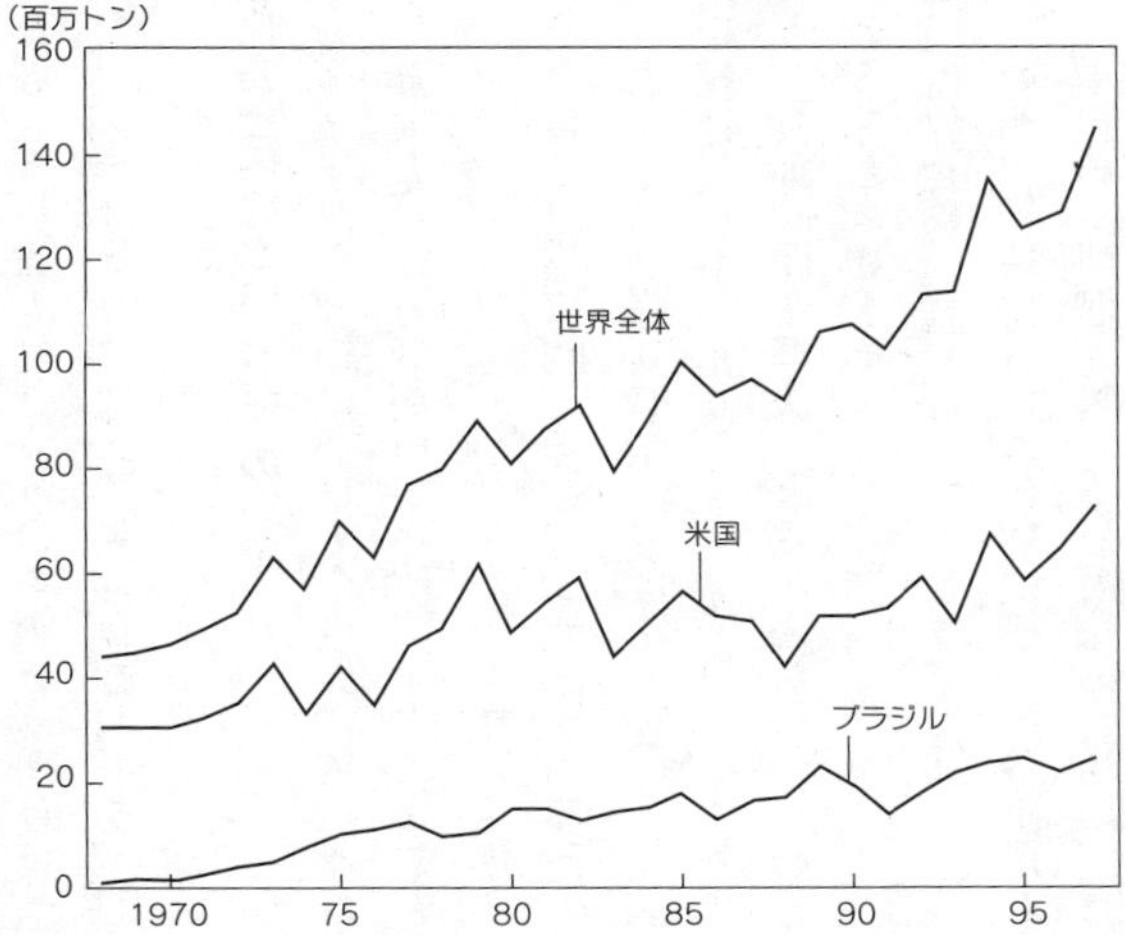

出典：Caviedes（2001）p.21

在庫不足を理由に1973年、1974年と削減された。発展途上国への財政支援の意味合いをもつ政府主導の借款も、1971年に11億ドルであったのに対し、1973年には8億6300万ドルと減少していった[37]。

先進国では食肉の消費が増加傾向をたどった。家畜用飼料として大豆の作付面積がブラジルなどでも拡大していく（図5－6）。1970年代を通しての世界全体での貿易量をみると、小麦よりも大豆やトウモロコシの方がはるかに高い伸びを示している。世界の農業は飢餓に苦しむ発展途上国を置き去りにし、富裕国の人々の胃袋を満足させるために、食用よりも家畜用の飼料穀物を急増させていったという見方もできよう。そのきっかけは、ペルー沖で長年乱獲されていたアンチョビが、エルニーニョによって壊滅的な打撃を受けたことにあった。

食糧安全保障という発想の誕生

1972年から翌年にかけて全世界に広がった食糧危機により、安全保障という考え方の中で食糧という分野が重要な位置を占めることになる。米国国務長官に就任していたキッシンジャーが1973年9月の国連総会で提案したことから、翌年11月5日から12日間、国際連合食糧農業機関（Food and Agricultural Organization：FAO）の本拠地であるローマに135カ国の代表が集まり、第1回世界食糧会議が開催された。開会に際して、国連事務総長であったワルトハイムは、「1972年以来、食糧生産は壊滅的打撃を受けており、食糧問題を解決できるか否かは、われわれ人類の文明が生存できるか否かを意味している」とスピーチを行った。

この世界食糧会議では、「すべての男性、女性、子供は、身体的精神的な能力を十分に発達させかつ維持するために、飢餓と栄養不足から解放される権利をもつ」との言葉で始まる12項目の「飢餓と栄養不足解決のための宣言」が採択された。また、国際農業開発基金、努力目標として毎年1000万トンの食糧援助、フォローアップ機関設立の検討といった具体的な内容も討議となった。翌月の国連総会で国際連合内に世界食糧理事会（WFC）の設置が決められ、FAO内部には世界食糧安全保障委員会が創設されることになる。[44][45]

食糧安全保障の定義については様々な見解があるが、FAOでは、「すべての人が、いかなる時にも、彼らの活動的で健康な生活のために必要な食生活の必要と嗜好に合致した、十分で、安全で、栄養のある食料を物理的、経済的に手に入れられる時に達成される」としている。また日本においては、「予想できない要因によって食料の供給が影響を受ける場合のために、食料供給を確保するための対策や、その機動的な発動のあり方を検討し、いざというときのために日頃から準備しておくこと」と定義され、農林水産省の所管となっている。

食糧安全保障とは国際協調だけを意味せず、国ごとの安全保障にとっても重要な要素である。1972年のエルニーニョをきっかけにした食糧危機から、食糧輸入国において食糧自給という課題が浮かび上がった。1973年6月に米国の大豆輸出禁止が発表になると、日本の新聞でも食糧自給率の向上を求める意見が紙面をにぎわした。

ヨーロッパ各国は、食糧自給率の改善に注力した。カロリーベースでみた食糧自給率は、1972年において英国で50%、ドイツで72%、オランダで64%であったのに対し、2013年時点をみると、英国で63%、ドイツで95%、オランダで69%と向上している。

一方日本においては、1972年と2013年を比較すると、カロリーベースで57%から

39％へと減少し、とりわけ穀物自給率については42％から28％へと低下している。[46]

世界食糧危機が変えた世界

このように、1973年以降世界は変わった。強力なエルニーニョの発生により世界中で食糧が不足し、各国は食糧を求めて右往左往した。結果として、食糧市場はグローバル化することとなる。食糧の世界貿易は、資本主義国対社会主義国といった冷戦構造による対立軸から無縁となり、共産圏諸国であっても代金さえ払えば米国産の穀物を購入できるようになった。ソ連だけでなく食糧を輸入する先進諸国は、米国、カナダ、南米、オセアニアの農業大国との貿易ルートを強化し、かつ多画化していった。

農業大国といわれる各国は、自国の消費ではなく輸出商品として栽培する農産物の種類の多様化を進めた。大豆の場合、ブラジルやアルゼンチンでは1960年代まで自国の消費事情に応じてごくわずかしか栽培されていなかったが、1970年代後半以降、輸出を目的として生産量は急拡大していった。

一方で外貨不足の発展途上国では十分な食糧を輸入できなくなり、栄養不足が深刻化した。先進国と発展途上国という南北問題に加え、発展途上国の間での経済格差による南南問題が顕在化した。そして、外貨が乏しい中で多くの人口を抱えるアフリカ諸国では、クーデターによる政変が頻発した。

すべてが1972年に発生したエルニーニョに由来する。太平洋の東部熱帯域での海面水温の揺らぎが全世界に影響を及ぼし、その後の国際社会を一変させたのである。

エピローグ

エルニーニョは今後も人類に問いかけ続ける

1 エルニーニョ研究の発展

エルニーニョの観測網の充実

１９７２年のエルニーニョは科学の分野でも画期となり、発生予測の実現に向けて大きく前進していった。海洋の状況をリアルタイムで監視できれば、全世界に影響を与える可能性のある異常気象や気候変動を、早期に察知できるのではないか。そして、得られた情報を利用すれば、エルニーニョの発生そのものを予測できるかもしれない。１９８０年代になると米国を中心に、エルニーニョ研究に対して潤沢な研究費が注ぎ込まれるようになる。

１９８０年に国際気象機関（ＷＭＯ）と国際学術連合（ＩＣＳＵ）は、共同プロジェクトとして世界気候変動研究計画を立案し、計画の中に１９８５年からの10年間を期間とする「熱帯海洋と全球大気に関する研究計画（Tropical Ocean and Global Atmosphere：ＴＯＧＡ）」が含まれた[1]。

ＴＯＧＡ計画の目標の一つに熱帯の海洋と大気の観測がある。観測船の派遣による定点観測では観測地点が限られ費用もかさむため、ＡＴＬＡＳブイという定置型の自動観測装置を、太平洋の赤道付近に沿っておよそ70基設置した。海流によって流されないよう、

1・9トンのアンカーを海底に沈めた係留ブイである（図6－1）。海上での気温、湿度、風向風速に加え、水深500メートルまでの圧力と水温を計測し、人工衛星を通じて観測データを集められた。特にNINO．3と呼ばれるエルニーニョ監視海域である西経90度から160度までの熱帯付近の海面水温の変動が、最重要のデータであった（図6－2）。

TOGA計画で設置したブイは現在でも稼働しており、TAOアレイ（Tropical Atmospheric Ocean Array）というシステムによってリアルタイムでの観測が続けられている。さらに、ATLASブイの改良型として、日射量や雨量も計測できるトライトン・ブイを西太平洋熱帯域やインド洋の熱帯海域に設置し、観測網を広げた[2]。

2000年以降、世界気象機関ならびにユネスコ政府間海洋学委員会（IOC）の主導により、ARGO計画による調査が実施されている。世界中の海域にアルゴフロー

図6-1 ATLASブイ

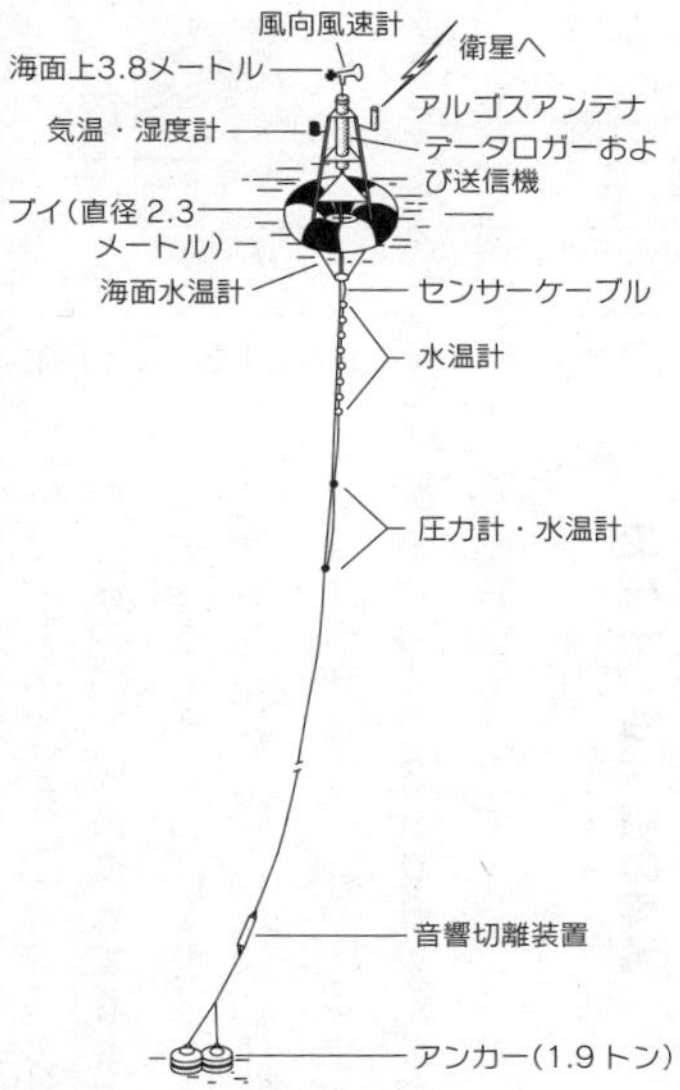

出典：佐伯（2004）p.58

図6-2　エルニーニョ環視海域

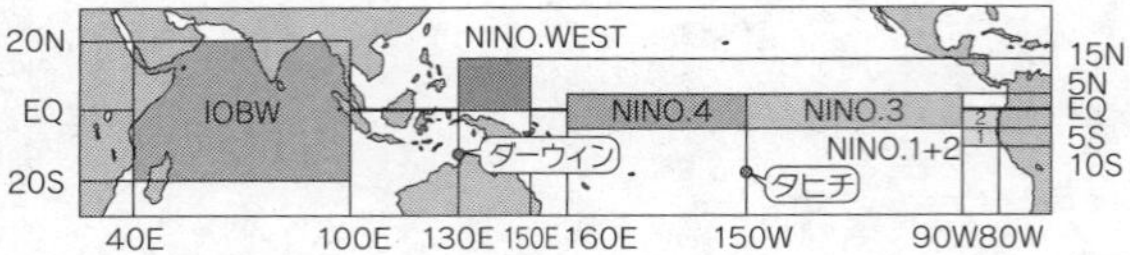

出典：気象庁HP
(http://www.data.kishou.go.jp/shindan/sougou/html/2.3.html)

トとよばれる高さ2メートル、幅24センチメートルの観測ブイを世界中の海域に投入するものだ。このアルゴフロートは、洋上のみならず10日間をサイクルとして水深2000メートルまで浮き沈みすることで、海水温や塩分濃度などを観測する。2019年現在、30カ国以上が協力し、エルニーニョ監視海域のみならず、3900以上のブイで世界中の海域をカバーしている[3]（図6－3）。

エルニーニョ予測の実現

エルニーニョ発生の予測はどのように前進していったのか。ラニーニャという言葉を発案した後、プリンストン大学大気海洋学部教授となったジョージ・フィランダーは、ビャークネスの研究でもっとも重要な知見とは、「海洋条件の変化は、気象条件の変化の原因でもあり、かつその結果でもある」と喝破したことにあるという。エルニーニョという太平洋東部の海面水温を予測するには、海と大気の両方の要素から迫る必要があるとの研究アプローチを示したのだ[4]。

図6-3　アルゴフロートによる観測と投入海域

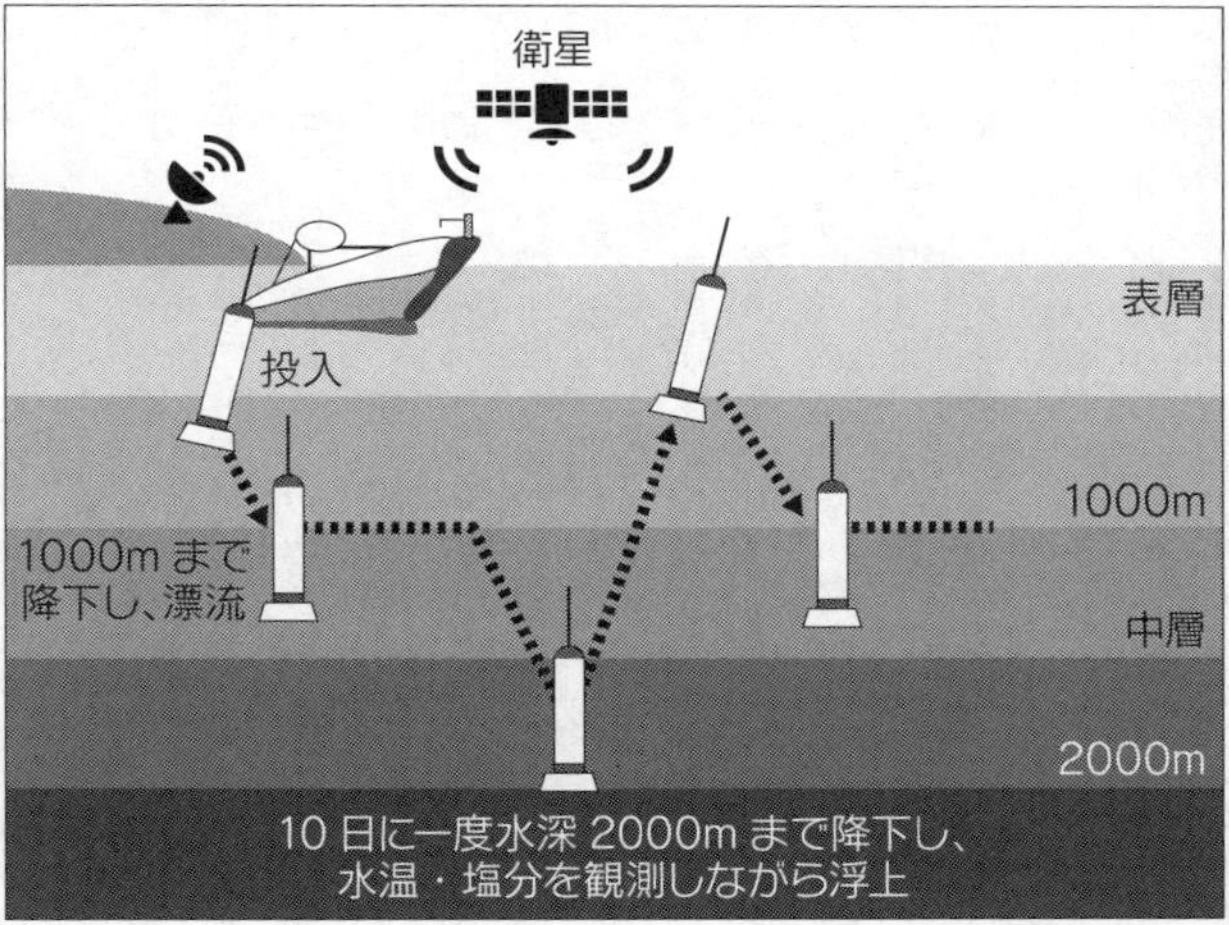

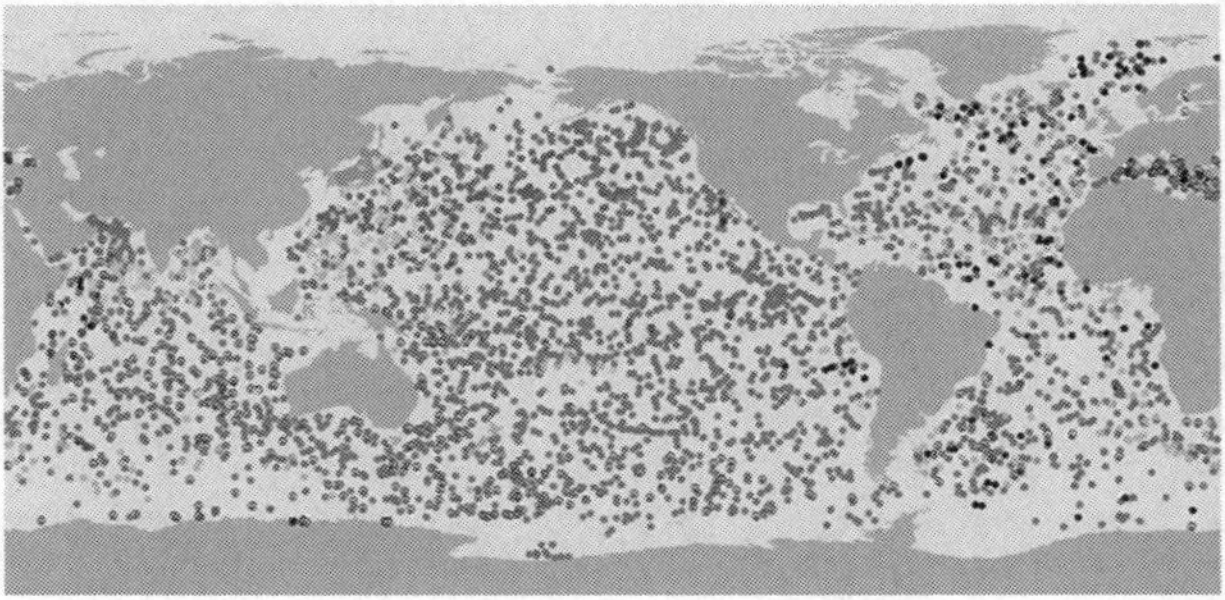

出典：海洋研究開発機構HP

ビャークネスの論文以降で最初にエルニーニョの予測を発表したのは、ハワイ大学のクラウス・ウィルツキであった。ウィルツキは、貿易風の強弱の振動とエルニーニョの発生について1972年のデータを検証し、エルニーニョが発生する1年前に貿易風が強くなって西太平洋熱帯域に暖水が溜まり、南方振動指数が大きな正の値になることに注目した。エルニーニョはこの動きの揺れ戻しとして、貿易風が弱まることで発生すると考えたのだ。そして、1974年に貿易風が強まったことで1975年にエルニーニョが起きると予想した。ところが、ウィルツキの予想は外れた。南方振動指数が高くなればエルニーニョが必ず発生するわけではなかった[5]。

エルニーニョの発生予測について、ギルバート・ウォーカーをはじめとしてウィルツキに至るまで、統計的手法が用いられてきた。過去のデータから各現象間の因果関係を統計的に導き出し、その関係を用いて予測するというものである。しかし、統計的手法は過去の状況が常に何らかの形で繰り返されるという前提に立つ。そして予測する材料となる他のデータを選ぶ点では、科学《サイエンス》ではなく芸術《アート》の側面をもつ。物理現象としての因果関係について明確なロジックを構築しないため、外れた際には一から出発せねばならず、効率的な改良を行えないとの欠点をもつ。

1980年以降になると、もう一つのアプローチである力学的手法が主流となる。自然現象の物理過程を理論的に解析し、モデル化したものを実況観測により検証する。そしてこの解析モデルを予測にも役立てようとするのだ。科学的な理論に基づく美しい手法のように思われるが、対象とする自然現象についての重要なロジックのほとんどがわかっていることが前提となる。また、気象や海洋のように考慮すべき要素が多いと、計算量が膨大になる。さらに要素相互間で複雑系として影響を及ぼし合っている場合、単純な時間積分による決定論的な計算結果は利用できず、非線形の振る舞いについての対処方法も別途考慮せねばならない。ケプラーの法則で惑星の位置を特定し、あるいはアインシュタインの相対性理論から重力による光の曲湾を計算するというわけにはいかない。

最初にエルニーニョという現象をモデル化し、発生の予測に成功したのは、米国人でコロンビア大学ラモント地質学研究所のマーク・ケインとスティーブン・ゼビアックであった。1986年、2人はビャークネスが分析した海洋と大気の相互に関連する要素を用いて、予測モデルを開発した。このモデルは、海洋について海面、海洋上層、海面下層の3層に単純化し、これに大気モデルを組み込んだケイン－ゼビアック・モデル（C－Zモデル）である。

各要素について平年値からの偏差とした簡単なモデルではあったものの、1986年に始まるエルニーニョを的中させて脚光を浴びた。さらにこのモデルは1991年のエルニーニョの発生も予測したことで、気候学の世界で予測可能性への確信が高まり、研究はいっそう進んでいった。[6][7]

エルニーニョ監視海域から豊富なデータが得られるようになると、予測モデルはさらに進歩し、多くのモデルで1997年に起きたエルニーニョについて、その規模や期間はともかくとして発生そのものの予測に成功した。大気と海洋を統合したモデルによって、海面水温の変動を時間積分で予測していくには膨大な計算時間がかかる。詳細な観測網や科学的な知見の進歩とともに、スーパーコンピュータの発展が大きな契機となった。

現在では、太平洋東部の赤道域での海面水温の初期の動きを監視し、その観測データを力学モデルに入力することにより、一年程度先のエルニーニョの発生まで、予測が実現した。米国人でデューク大学海洋研究所名誉教授のリチャード・T・バーバーは、エルニーニョ予測の成功とは科学の偉大な勝利だとする。それは、大気と海洋の大規模な動きをモデル化した最初の事例であり、その成功は科学者、エンジニア、行政官といった人々が献身的に関わってきた結果だという。エルニーニョはもはや人類に膨大な犠牲をもたらす災難ではなく、地球が内包する一つのリズムにすぎないものになったと語っている[8]。

気象庁では1999年8月からエルニーニョ発生の予測モデルを実用化し、現在では3カ月から6カ月先の太平洋東部の海面水温の動きの予測が可能となった。モデルでの計算結果と、エルニーニョ監視海域における実況観測でのエルニーニョやラニーニャ発生を早い段階で把握することで、エルニーニョ予測は大幅に向上した。これらの予測や観測結果は、気象庁地球・海洋部からエルニーニョ監視速報として、月次で報告されている[9]。

エルニーニョ研究の最前線

このように力学モデルによる予測が実現し、太平洋でのエルニーニョ監視海域での海面水温の初期の偏差から、かなりの確率でその後のエルニーニョやラニーニャを予測できるようになっている。しかしながら、現在でも研究課題は残っている。

まず、モデルのさらなる精緻化である。1986年にケインとゼビアックが開発したC－Zモデルは南米大陸西岸からインドネシアにかけての海域に限定した概念モデルであったが、現在では地球全体を対象とする大気海洋結合モデルへと発展している。とはいえ、北半球の冬から夏の予測はその他の期間と比べて外れることが少なくない。この要因として、海洋表層の混合層の扱いの改善が考えられている。大気モデルの場合、温室効果ガスによる地球温暖化などのごく一部の例外を除いて、気候システムは毎年リセットされるとして扱われている。しかし、混合層では前年の降雨・降雪の影響を大きく受けるため、その名残りをモデルに反映する必要があるとされる。

次に、予測できる期間の問題がある。現在では1年程度までの予測が実現されているが、果たしてどれほど先までの予測が可能か。この課題には、エルニーニョが発生するきっかけは何かという根本的な原因が深く関わってくる。ヤーコブ・ビャークネスが今後の研究に委ねるとしたものだ（第5章1）。

現在ではエルニーニョとは、海流などの影響で太平洋の熱の分布の偏りが大きくなったとき（非平衡）、何らかの外的なショックによって別のパターンが形成される現象だと考えられている。ビーカーの中の水を静かにゆっくりと冷やしていくと、水温が零度を下回っても氷ができない状態を過冷却という。このとき、ビーカーをごくわずかに揺らすと氷へと凝結する。エルニーニョもこの現象と同じで、太平洋の熱の分布の偏りが大きくなった状態で、何らかの他の要因で発生するというのだ。その要因としては大気の風の流れが候補に上っており、インド洋から太平洋に向かってときおり吹く西風バーストや30日から60日の周期で赤道付近の対流活動が東に進むマッデン・ジュリアン振動などがあげられている。もちろん、西風バーストなりマッデン・ジュリアン振動によっていつもエルニーニョが発生するわけではない。過冷却水の冷え方やビーカーを揺する程度と同じように、太平洋の熱の偏在の大きさや他の要因の程度により、エルニーニョという別のパターンを形成するか否かも異なってくる。

こうしたエルニーニョの形成過程を踏まえて、どれほど先までを予測できるのか。1988年にマックス・スアレスとポール・ショフが発表した遅延振動子理論によれば、太平洋の海洋波動はロスビー波とケルビン波により18カ月程度で東西を一周するとされた。この理論がもととなり、現在では2年程度先までの予測可能性が示されている。[10][11][12]

力学モデルによる中期的な予想が困難な理由として、観測データの不確定性とモデル内の計算式の不完全性の二つがある。前者はカオスあるいは非線形の振る舞いとされるもので、気象や海洋の初期データにあるごくわずかな観測誤差が時間積分していくうちに計算結果に大きな違いが現れてしまうことを指す。この問題は初期値に誤差があることを踏まえて、初期値を意図的にずらした数十個のデータ集団を作り出し、それぞれ計算を行い、その結果を平均することによって、より確からしい結果を得ようとする。これをアンサンブル手法という。

もう一つのモデルの不完全性について、力学モデルでは物理過程のほとんどが解明されているとの前提でモデルを構築していくのだが、現実にはそのようなことはない。気象や海洋のような複雑系を伴う自然現象を正確に物理過程で説明するなど将来においても不可能だろう。どの力学モデルも必ず不完全性を伴い、パラメタリゼーションといった一定の仮定を置いている。こうした不完全性を補う方法として、世界各国の様々な予測モデルでの計算結果を集計すれば、各モデルに内包する欠陥を打ち消し合うことができるのではないか、という発想がある[13]（マルチモデルアンサンブル手法）。気候と社会に関する国際調査機関（International Research Institute for Climate and Society：ＩＲＩ）では、エルニーニョ監視海域での海面水温の動向について、世界各国の気象官署や研究機関等からのアンサンブル手法による結果を集計し、その平均予測をウェブサイト上で公開している（図6－4）。おそらく、現時点ではこの予想が最良のものといえるだろう。

図6-4 各国研究機関のモデルでのエルニーニョ・ラニーニャ予測

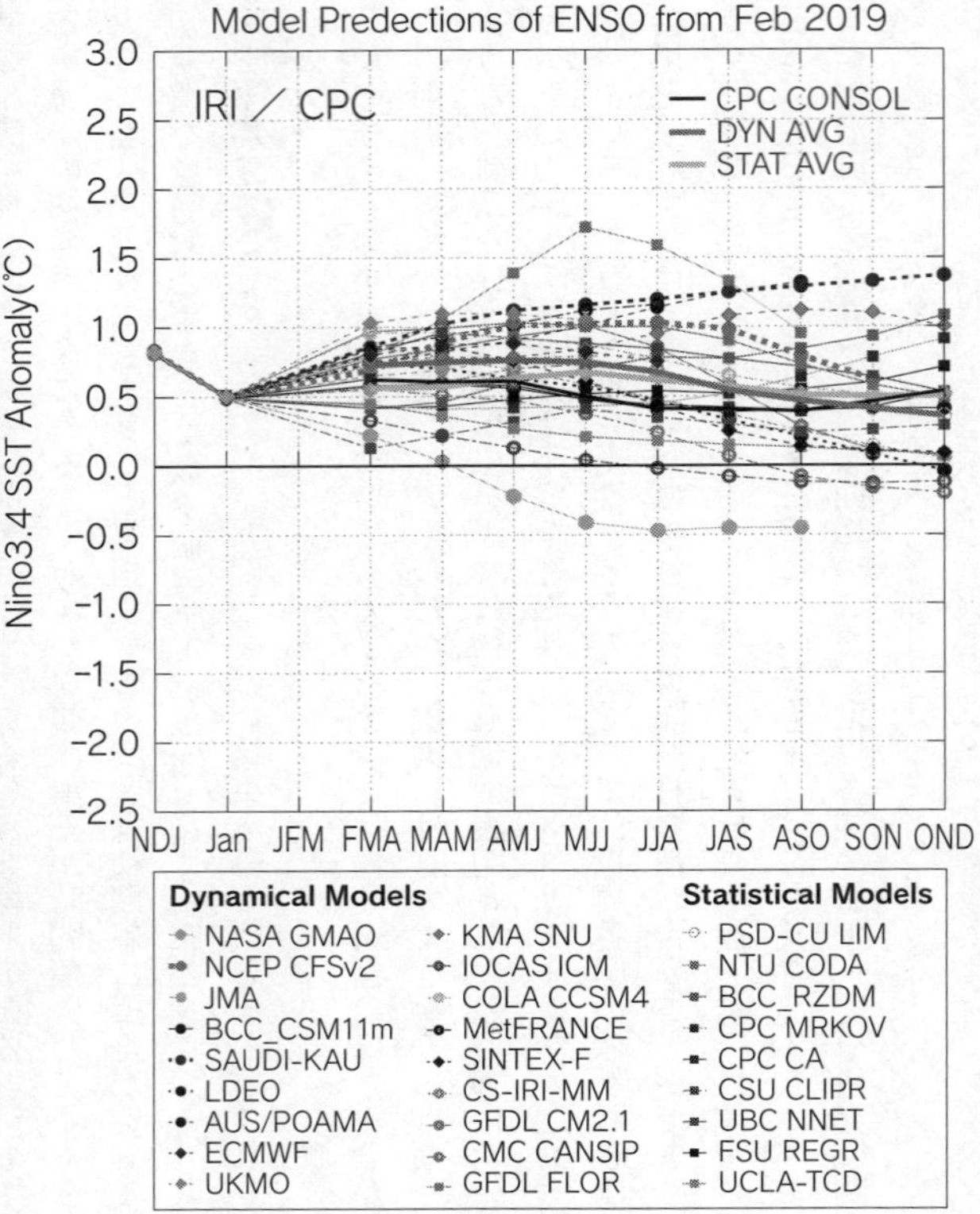

出典：International Research Institute for Climate and Society、ウェブサイト　https://iri.columbia.edu/our-expertise/climate/forecasts/enso/current/

さらにモデルの不完全性を補う方法として、AIの利用も視野に上っている。観測データをAIで機械学習させることにより、本質的かもしれない特徴量を抽出できるかもしれない。このことによって、力学的なロジックを補完する道筋はないかと考えるものだ。[12][13]

エルニーニョに関連づけられるものとして、山形俊男東京大学名誉教授らが1999年に発見したインド洋ダイポールモード（Indian Ocean Dipole：IOD）という現象がある。インド洋ダイポールモードとは、エルニーニョとは別の固有の現象としてインド洋の東西で海面水温が変化するものである。オーストラリアでの干ばつ発生において、エルニーニョよりインド洋ダイポールモードの方が大きく関与している可能性が高い。[14][15]

インド洋ダイポールモードだけでなく、大西洋熱帯モード（大西洋ニーニョ）、オーストラリア西岸でのニンガルー・ニーニョ、そして小規模ながら米国カリフォルニア州サンディエゴ沖でのカリフォルニア・ニーニョといった現象も発見されている。もちろん、広大な海域での海面水温という意味ではエルニーニョが世界各地の気候に及ぼす影響が圧倒的であるが、今後、世界各地の異常気象を予測するに際しては、これらの類似現象を考慮する必要がある。

また、エルニーニョによる海面水温の変動は、単にペルー沖とインドネシア沖という東西間だけで起きるとは限らない。時には、太平洋熱帯域の中央部で海面水温が高まり、相対的に東西で低くなる現象も現れる。2007年に発表されており、エルニーニョ・モドキ(中部太平洋エルニーニョ)と呼ばれる。海面水温が暖かくなる海域が平年よりも東にずれることから、一見するとエルーニョの発生かと思わせるが実はそうではないという意味が、「モドキ」という言葉に込められている。日本の気候についていえば、エルニーニョが発生すると冷夏暖冬との見込みが高まるが、モドキの場合はテレコネクションによる応答はラニーニャに類似するため、猛暑にもなりシベリア寒気も襲ってくるという。まさに面妖な現象といえるだろう。[16]

2 不思議なる海面水温の揺らぎ

それは人類の文明とともに揺れ動いた

古気候の研究によれば、エルニーニョという太平洋東部熱帯域の海面水温のわずかな変化に由来する気象現象は、地球温暖化により20世紀に入ってから顕著になったものでも、何万年もの間同じように続いてきたものでもない。ペルー沖の海底堆積物やアンデス地方のパルカコチャ湖の堆積物等の酸素同位体比率の分析によれば、最終氷期においてエルニーニョは不活発であった。1万1600年前に最終氷期が終わった後にエルニーニョは復活するのだが、8000年前から5500年前にかけて完新世の気候最適期とされる温暖化した時代になると、その変動は非常に弱くなった。[17][18]

完新世の気候最適期とは「長い夏」ともいわれ、地球の平均気温が温暖化が進む現在と同じ程度暖かかった時代である。この頃になぜエルニーニョが不活発であったのか。太平洋の東部と西部の海面水温の温度差が現在よりも小さく、熱帯域の東風を中心に風の循環が現在とは異なっていたからであろうとの推測がある。その遠因として、地球軌道の変化が考えられている。

地球軌道には、離心率の変化(約10万年周期)、歳差運動(約2万6000年周期)、地軸の傾きの変化(約4万年周期)という三つの要素がある。この中の歳差運動の変化をみると、1万1000年前、地球の近日点は現在の1月初め(北半球の冬、南半球の夏)ではなく7月頃であり、北半球の夏に地球はもっとも太陽に近づいていた。こうした地球軌道の要因により、完新世の前期から中期にかけてエルニーニョが不活発であったとの仮説であり、気候モデルによるシミュレーション実験ではこの説を支持する結果が出ている。[19][20]

そして、5500年前頃に「長い夏」が終わり、地球が傾向的に寒冷化していく中で、エルニーニョは勢力を強めたのである。地球規模の寒冷化によって、メソポタミアの天水農業は深刻な影響を受け、サハラで砂漠化が進み、このことが四大文明誕生の契機になった。エルニーニョはこの時期から活発化しており、人類の文明はエルニーニョが揺れ動く中で発展してきたとみることもできる。[21]

地球温暖化とエルニーニョの発生

21世紀に入って勢いを増す地球温暖化によって、エルニーニョの発生が変わるのではないかとの見方がある。発生頻度が多くなるのではないか、あるいは海面水温偏差が大きくなってエルニーニョが巨大化するのではないか、といった声が聞こえてくる。太平洋熱帯域の海水が保存する熱量は膨大であり、そのわずかな変化であっても、気候に重大な影響を及ぼす可能性がまったくないなどと明確に否定はできない。誰も、無関係だとはいい切れるものではない（図6－5）。

気候変動に関する政府間パネル（Intergovernmental Panel on Climate Change：IPCC）の第4次評価報告書には、現在の世界各国で開発されたおよそ20の大気海洋気候モデルでのシミュレーション予想が集められており、この中で太平洋東部熱帯域において海面水温が高くなるエルニーニョの発生について、21世紀を通した予測を掲載している。この報告書によれば、温暖化が進展するであろう21世紀において、エルニーニョの発生予測についてはモデルごとに結果はまちまちであり一致した方向を示していないという。各シミュレーションを平均してみると、21世紀における頻度や規模は現在とあまり変わらないとしている。[22]

図6-5 エルニーニョ監視海域における月平均海面水温の基準値との偏差（単位：℃）

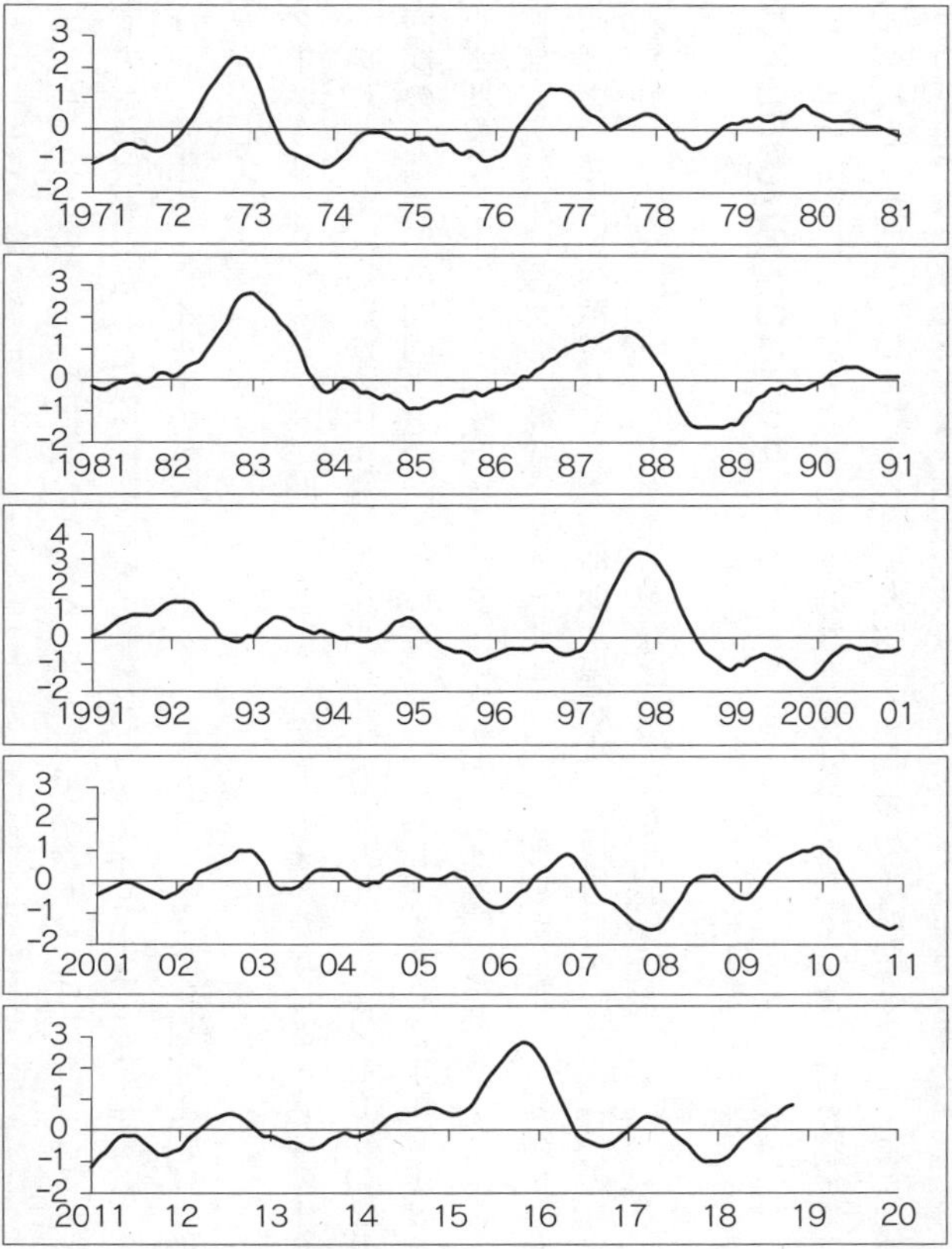

注：NINO.3偏差の5カ月移動平均値
出典：気象庁HP（http://www.data.jma.go.jp/gmd/cpd/data/elnino/index/nino3irm.html）

一方、オレゴン大学の海洋学者ウィリアム・H・クィンは、古記録や文献をもとにして、過去のエルニーニョの発生年を推測している。第1章で紹介したように、彼はスペインからの征服者《コンキスタドール》や移民者が残した気象についての記録から、エルニーニョ発生年表を作った。クィンは同じ発想で、ナイル川の洪水の多寡から、エルニーニョの年や発生頻度を推測する論文を発表している。

622年から999年の378年間のうちで、洪水が弱まった年は27・8%の105回であったのに対して、いわゆる中世温暖期に当たる1000年から1290年の291年間での同様の年は8%の23回へと激減している。これに対し、1523年から1899年という小氷期のただ中の377年間をみると、洪水が弱くなる傾向は35%へと急上昇する。このことは、気候が温暖化した時代にエルニーニョの発生頻度が低下し、寒冷化した時代に頻度が高まったことを示唆している。地球が温暖化した場合にエルニーニョの発生頻度が上がるのかとの見方について、古文書の記録は必ずしも肯定してはいない[23]。

人類は本当に賢くなったのだろうか

エルニーニョ研究についての近年の科学的な進歩は目覚ましく、より高い確率での予測の開発が今後とも進展していくであろう。しかし、科学者の予測が進歩したことによって、いままでの歴史でみてきたような人類の危機は去ったといえるのだろうか。

エルニーニョの発生について1年以上前から予測が可能になることと、エルニーニョ由来の異常気象に十分に対処することは必ずしも同じではない。準備する時間を稼ぐことと、その時間を有効に使って適切に対処していくこととは、ともすればまったく別の次元の話になる。

19世紀のインドにおいて、干ばつの発生を英国の統治者は比較的早いうちから気づいていた。しかし、彼らは干ばつによる飢饉よりも財政支出の拡大を憂慮した。第2次世界大戦のナチス・ドイツでは、ヒトラーやゲーリングはロシアの冬の厳しさを真剣に検討しようとせず、自己過信により目をおおうばかりの大敗北を喫した。また気象学者のバウアーは、大寒波の到来という気象データの現実を認めなかった。

1960年代のペルーの場合、アンチョビの乱獲に警鐘が鳴らされ、1965年のエルニーニョにおいて漁獲量が低下した徴候があった。にもかかわらず外貨収入を得ることを優先したため、1972年のエルニーニョの発生によってペルー漁業は壊滅的な打撃を受け、その後20年にわたって低迷した。

インド領の統治者もナチス・ドイツもペルー政府も、無知であったわけではない。当時であっても状況をつぶさにみれば、迫ってくる危機を認識できたであろう。にもかかわらず、彼らは別のことを優先させたのだ。

そして、異常気象による危機は、いつも一番脆弱な立場にある人々を困窮させてきた。

19世紀のインドにおいて、鉄道網が発達したことにより、かえって飢饉の中ですら農産物は購買力のある欧州各国に向けて輸出されていった。太平天国の乱による傷の癒えない清は華北大飢饉に始まる干ばつの連続で弱体化し、欧米列強に国土を蹂躙されることとなった。ロシア西部の戦場においてもっとも被害を受けたのは、ドイツ兵でも赤軍兵士でもなく、その土地で生活する人々であった。彼らはドイツ兵からなけなしの食糧や防寒具をむしり取られ、反撃に出た赤軍からはドイツ兵を助けたとの疑いをもたれ、シベリアの強制収容所に送られる者が少なくなかった。

１９７２年に始まるエルニーニョにおいて、ソ連はポーカーフェイスで米国から穀物を買い漁り、翌年になると米国で大豆の輸出禁止措置が取られたことで日本や欧州各国で大変な騒ぎとなった。しかし、この時のエルニーニョを原因とする異常気象で一番大きな被害を受けた地域は、アフリカ大陸のサヘルからエチオピアにかけてであった。エチオピアだけで20万人以上が犠牲となり、シバの女王に始まるとの伝説をもった帝国は幕を閉じた。

現在、全世界での情報インフラの整備には目を見張るものがある。一方でこのことがかえって危機を増大させる可能性もある。２００６年に米国によるバイオエタノール戦略が脚光を浴びるとたちまち、シカゴの穀物相場が急騰し、食糧を輸入する発展途上国に危機が訪れた。19世紀のインドでの鉄道網の整備が食糧の偏在を生んだように、情報インフラの発達が世界各国に異なった災難をもたらすかもしれない。

エルニーニョはこれからも3年から7年に一度といった頻度で発生し、時に世界各地に異常気象をもたらすだろう。気候研究は大きな進歩を遂げ、情報網も地球規模で充実し、異常気象についての知識も蓄積されてきた。しかし、本当に人類は賢くなったのか。エルニーニョは今後もわれわれに問いかけ続ける。

[12] 「エルニーニョ研究の最前線」のここまで、山形俊男東京大学名誉教授へのヒアリングによる.

[13] 経田正幸（2006）：アンサンブル予報概論. 数値予報課報告・別冊　第52号　pp.1-11 気象庁予報部,（財）気象業務支援センター

[14] Saji, N. H., B. N. Goswami, P. N. Vinayachandran T. Yamagata (1999)：A dipolemode in the tropical Indian Ocean. *Nature* 401 pp.360-363

[15] Ashok, Karumuri Ashok, Zhaoyong Guan, Toshio Yamagata (2002)：Influence of the Indian Ocean Dipole on the Australian winter rainfall. *Geophysical Research Letters* 30 (15) doi：10.1029/2003GL017926, 2003

[16] Karumuri Ashok, Swadhin K. Behera, Suryachandra A. Rao, Toshio Yamagata (2007)：El Niño Modoki and its possible teleconnection. *Journal of Geophysical Research* 112 doi：10.1029/2006JC003798

[17] ペルー沖について, Rein, Bert, Andreas Luckge, Lutz Reinhardt, Frank Sirocko, Anja Wolf, Wolf-Christian Dullo (2005)：El Niño variability off Peru during the last 20,000 years. Paleoceanography Vol. 20

[18] パルカコチャ湖について, Moy, Christopher M. et al (2002)：Variability of El Niño/Southern Oscillation activity at millennial timescales during the Holocene epoch. *nature* 420 pp.162-165.

[19] Caviedes (2001)：History in El Niño. p.18.

[20] Sarachik Edward S, Mark A. Cane (2010)：The El Niño-Southern Oscillation Phenomenon. Cambridge University Press p.309.

[21] 拙著（2019）：気候文明史. 第2部第1章

[22] Sarachik and Cane (2010)：The El Niño-Southern Oscillation Phenomenon. pp. 317-319

[23] Quinn, William H. (1992)：A study of Southern Oscillation-related climatic activity for A.D. 622-1900 incorporating Nile River flood data. *El Niño historical and paleoclimatic aspects of the Southern Oscillation*. H. F. Diaz and V. Markgraf, Eds., Cambridge University Press, pp. 119-149.

in Transition. Iowa State University Press)
[37] Morgan, Dan (1979) : Merchants of Grain. pp.156, 158
[38] 服部 (1986) : 現代のアメリカ農業. p.37
[39] ジョージ (1980) : なぜ世界の半分が飢えるのか. p.169
[40] 佐伯理郎 (2003) : エルニーニョ現象を学ぶ (改訂増補版). p.127
[41] Morgan, Dan (1979) : Merchants of Grain. p.159
[42] 朝日新聞 (東京最終版) 1973年8月19日夕刊一面

5

[43] 豆価格について, ジョージ (1980) : なぜ世界の半分が飢えるのか. p.171
[44] United Nations (1975) : Report of the WORLD FOOD CONFERENCE. New York
[45] 高橋悌蔵 (1975) : 我が国の食糧事情変遷の展望. 東海女子大学紀要 5 pp. 28-37
[46] 食糧自給率について, 農林水産省のHP「世界の食料自給率」による. http://www.maff.go.jp/j/zyukyu/zikyu_ritu/013.html

エピローグ

[1] 住明正 (2004) : エルニーニョと地球温暖化. オーム社, p.24
[2] 観測ブイについて, 佐伯理郎 (2003) : エルニーニョ現象を学ぶ (改訂増補版). pp. 57-60
[3] 海洋研究開発機構HPより, http://www.jamstec.go.jp/J-ARGO/index_j.html
[4] Davis (2001) : Late Victorian Holocausts. p.231
[5] 佐伯理郎 (2003) : エルニーニョ現象を学ぶ (改訂増補版). pp. 92, 93
[6] C-Zモデルについて, 住明正 (2004) : エルニーニョと地球温暖化. pp.90, 91
[7] 1991年の予測について, Glantz (1996) : Currents of change, pp. 79, 80
[8] 前書, pp. 166, 167
[9] 気象庁のエルニーニョ予測について, 気象庁大気・海洋気象部 (2010) : コラム「エルニーニョ現象の予測技術」. 気象庁HP http://www.data.kishou.go.jp/shindan/sougou/html/col_2.3.html
[10] Suarez, Max J., Paul S. Schopf (1988) : A Delayed Action Oscillator for ENSO. *Journal of the Atmospheric Sciences* 45 (21) pp.3283-3287
[11] Luo, Jing-Jia, Guoqiang Liu, Harry Hendon, Oscar Alves, Toshio Yamagata (2017) : Inter-basin sources for two-year predictability of the multi-year La Niña event in 2010–2012. Scientific Reports 7 Article number: 227

[21] 2007時点での国別漁獲量について，水産庁HP http://www.jfa.maff.go.jp/j/kikaku/wpaper/h23_h/trend/1/t1_2_4_1.html

【3】

[22] Lamb, Hubert H.（1995）：Climate, History and the Modern World（second edition）. Routledge, pp.277, 278, 306-308

[23] Glantz（1996）：Currents of change. p.33

[24] Brown, Lester R., Erik P. Eckholm（1975）：By Bread Alone. Pergamon International Library, pp. 59, 85

[25] ヘッサー，レオン（2009）：ノーマン・ボーローグ.（岩永勝訳）pp. 31, 50, 78, 悠書館（原著は，Hesser, Leon（2006）：The Man Who Fed The World. Durban House Press, Inc.）

[26] 拙著（2019）：気候文明史. pp.166, 167

[27] 岡倉登志（1999）：エチオピアの歴史. 明石書店，pp.317, 318, 328, 329, 330, 333, 334, 340

[28] Caviedes（2001）：History in El Niño. pp.195, 196

[29] 三留理男（1985）：飢餓，エチオピア緊急報告. 光文社，p.47

【4】

[30] 小島彰（1988）：アメリカ農業政策と多国籍アグリビジネス. 一橋研究 132 pp. 1-20

[31] 服部信司（1986）：現代のアメリカ農業. 御茶の水書房，pp. 31-33

[32] Morgan, Dan（1979）：Merchants of Grain. The Power and Profits of the Five Giant Companies at the Center of World's Food Supply（An Authors Guild Back Inprint.com Edition）iUniverse Inc. pp. 113, 118 142, 145（邦訳は，モーガン，ダン（1980）：巨大穀物商社（NHK食糧問題取材班監訳, 喜多迅鷹・喜多元子訳）日本放送出版協会）

[33] 伊東光晴（1979）：ソ連の“穀物危機”. 朝日ジャーナル　1月5日号 pp.68-73，朝日新聞社（なお，ベローゾフ一行のニューヨークでの滞在ホテルについて，伊東はリージェンシー・ホテルではなく，ヒルトン・ホテルとしている）

[34] 1972年4月以降について，Morgan, Dan（1979）：Merchants of Grain. pp.120, 144, 147-152

[35] ジョージ，スーザン（1980）：なぜ世界の半分が飢えるのか.（小南祐一郎，谷口真理子訳）朝日新聞社，p.166（原著は，George, Susan（1977）：How the Other Half Dies. Penguin Books, Ltd.）

[36] ブリューワー，デビッド他（1987）：転機に立つアメリカの農業構造.（斎藤実，立石寿一，横山繁樹共訳）大明堂，pp.78, 79（原著は，Brewster, David E., Wayne D. Rasumussen, Garth Youngberg（1983）：Farms

pp. 3-22
[4] ウースターについて，Glantz, Michael H. (1996)：Currents of change, El Niño's impact on climate and society. Cambridge University Press, p.31
[5] Bjerknes, Jacob (1996)：A possible response of the atmospheric Hadley circulation to equatorial anomalies of ocean temperature. *Tellus* XVIII 4 pp. 820-828
[6] Bjerknes, Jacob (1969)：Atmospheric teleconnections from the equatorial pacific. *Monthly Weather Review* 97 (3) pp. 163-172
[7] 筆者が調べた限りにおいて，略語としてのENSOは以下の論文が初出であった．ただし，研究者の間ではすでに定着していたと想定される．Ramusson, Eugene, John M. Wallace (1983)：Meteorological Aspect of the El Niño/Southern Oscillation. *Science* 222 pp. 195-222.

‖2‖

[8] Merrill, Charles White (1930)：Summarized date of silver production. U.S. Department of Commerce pp.vi,34-36 https：//digital.library.unt.edu/ark：/67531/metadc40312/m2/1/high_res_d/bomeconpapers_8_w.pdf
[9] Kugler, Peter, Peter Bernholz (2007)：The Price Revolution in the 16th Century：Empirical Results from a Structural Vectorautoregression Model. University of Basel
[10] Caviedes (2001)：History in El Niño. p.51
[11] 高橋英一 (2004)：肥料になった鉱物の物語. pp.17, 47, 48
[12] Glantz (1996)：Currents of change. p.23
[13] ペルーでの産業としての漁業のきっかけについて，前書, pp.28, 29
[14] Philander (2004)：Our Affair with El Niño. p.241
[15] Caviedes (2001)：History in El Niño. pp. 52-54
[16] Glantz (1996)：Currents of change. pp.30-32
[17] アンチョビの漁獲量について，国際連合食糧農業機関 (FAO) HPによる．http://www.fao.org/fishery/species/2917/en
[18] 20世紀に発生したエルニーニョについて，平年値からの高温偏差およびその期間との観点で，最大とされるものが1997年から1998年のものであり，2番目が1982年から1983年にかけて，1972年から1973年のものは3番目とされる．
[19] 1965年の漁業規制と1975年末の魚粉加工工場の操業数の減少について，Philander (2004)：Our Affair with El Niño. pp. 241, 242
[20] Caviedes (2001)：History in El Niño. pp. 18, 20

1941-42 : The Large-scale Circulation, Cut-off Lows, and Blocking. *Bulletin of the American Meteorological Society*, 70（3）pp.271-353
[40] Bengstsson, Lennart et al（2006）: On the natural variability of the pre-industrial European climate. *Climate Dynamics* 27 Numbers 7-8 pp. 743-760
[41] 小氷期について，拙著（2019）：気候文明史. pp. 292-297
[42] 1月の天候について，Lejenäs（1989）: The Severe Winter in Europe 1941-42.
[43] ナゴルスキ（2010）：モスクワ攻防戦. p.22
[44] グランツ（2005）：独ソ戦全史. 表B

‖5‖

[45] ヒトラーのヴィニンツェ訪問以降，ビーヴァー（2005）：スターリングラード. pp.114, 134-148, 158, 165, 166, 197, 208, 258
[46] Fraedrich et al（1992）: Northern hemisphere circulation regimes during the extreme of the El Niño/Southern Oscillation. *Tellus* 44A pp.33-40
[47] ウラヌス作戦以降，ビーヴァー（2005）：スターリングラード. pp.315, 330, 343-346, 363, 369, 400
[48] シャイラー（2008）：第三帝国の興亡（4）. pp. 439, 440
[49] マンシュタイン（2000）：失われた勝利（下）. pp.102, 107, 140
[50] ビーヴァー（2005）：スターリングラード. p.415
[51] ジューコフの予報官への要求およびスターリングラードの最低気温について，Neumann, J., H. Flohn（1988）: Great Historical Events That Were Significantly Affected by the Weather : Germany's War on the Soviet Union, 1941-45 II. Some Important Weather Forecasts, 1942-45. *Bulletin of the American Meteorological Society* 69（7）pp. 730-735
[52] ホト軍の撤退以降，ビーヴァー（2005）：スターリングラード. pp.404, 544

第5章

‖1‖

[1] ここまで国際気象観測年の歴史について，和建清夫（1957）：国際地球観測年と気象. 日本数学教育学会誌. 臨時増刊，総会特集号 39 pp. 5-9
[2] ラジオゾンデの観測時刻について，上里到，伊藤智志，熊本真理子，茂林良道，中村雅道（2008）：ラジオゾンデの歴史的変遷を考慮した気温トレンド（第1報）. 高層気象台彙報 68 pp. 15-22
[3] National Academy of Sciences（1995）: Biographical Memoirs V. 68.

[17] グデーリアン，ハインツ（1999）：電撃戦（上）．（本郷健訳）中央公論新社，pp. 333, 337（原著は，Guderian, Hienz（1950）：Erinnerungen Eines Soldaten.）
[18] グデーリアンのコメントについて，ナゴルスキ（2010）：モスクワ攻防戦. p.190
[19] ビーヴァー（2005）：スターリングラード. pp.30, 56
[20] グデーリアン（1999）：電撃戦（上）. pp. 337, 338, 341
[21] シャイラー（2008）：第三帝国の興亡（4）. p.305
[22] ナゴルスキ（2010）：モスクワ攻防戦. pp. 88, 89, 195, 259, 260

‖4‖

[23] Baur, Franz（1930）：The Present Status of Correlation Investigation in Meteorology. *Monthly Weather Review* 6 pp. 284-286
[24] Walker, Gilbert T.,（1937）：Ten-day forecasting as developed by Franz Baur. *Quarterly Journal of the Royal Meteorological Society* 63 pp. 471-476
[25] エルニーニョ時の欧州気候の統計分析について，Fraedrich, Klaus, Klaus Muller（1992）：Climate Anomalies in Europe Associated with ENSO Extremes. *International Journal of Climatorolgy* 12 pp. 25-31
[26] グデーリアン（1999）：電撃戦（上）. pp. 350-352
[27] カレル（1998）：バルバロッサ作戦（上）. p.289
[28] ナゴルスキ（2010）：モスクワ攻防戦. p.320
[29] カレル（1998）：バルバロッサ作戦（上）. p.268
[30] ナゴルスキ（2010）：モスクワ攻防戦. pp. 268, 269, 313
[31] グデーリアン（1999）：電撃戦（上）. pp. 353, 356
[32] グデーリアンのハルダーへの電話について，シャイラー（2008）：第三帝国の興亡（4）. p.310
[33] 松村劭（2006）：ナポレオン戦争全史．原書房，pp. 174, 175
[34] グランツ，デビッド・M，ジョナサン・M・ハウス（2005）：独ソ戦全史.（森屋純訳）学研M文庫，学研，pp. 187, 191（原著は，Glantz, David M., Jonathan M. House（1995）：When Titans Clashed. University Press of Kansas）
[35] グデーリアン（1999）：電撃戦（上）. pp. 362, 365
[36] ボックのハルダーへの電話について，シャイラー（2008）：第三帝国の興亡（4）. p.314
[37] ナゴルスキ（2010）：モスクワ攻防戦. p.343
[38] グデーリアン（1999）：電撃戦（上）. pp. 363, 368
[39] ここまで，Lejenäs, Harald（1989）：The Severe Winter in Europe

and the Use/Value of Weather Forecasts. *Bulletin of the American Meteorological Society* 75（7）pp.1227-1236

【2】

[3] ナゴルスキ，アンドリュー（2010）：モスクワ攻防戦.（津守滋監訳，津守京子訳）作品社，p.42（原著は，Nagorsky, Andrew（2007）：The Greatest Battle：Stalin, Hitler, and the Desperate Struggle for Moscow That Changed the Course of World War II. Simon & Schuster）

[4] ポーランド侵攻前のヒトラーの発言について，丸山眞男（1984）：軍国支配者の精神構造.（『増補版現代政治の思想と行動』所収）未来社，p.96

[5] ハルダーについて，シャイラー，ウィリアム・L.（2008）：第三帝国の興亡（4）. 東京創元社，pp. 176, 177（原著は，Shirer, William L.（1959）：The Rise and Fall of the Third Reich.）

[6] ナゴルスキ（2010）：モスクワ攻防戦. pp. 46, 62, 63

[7] シャイラー（2008）：第三帝国の興亡（4）. pp. 202, 226

[8] リッベントロップとデカノゾフの会見について，ビーヴァー，アンドリュー（2005）：スターリングラード.（堀たほ子訳）朝日文庫，朝日新聞社，p.64（原著は，Beevor, Andrew（1998）：Stalingrad. New York：Viking）

[9] ナゴルスキ（2010）：モスクワ攻防戦. p. 96

[10] カレル，パウル（1998）：バルバロッサ作戦（上）. 学研，pp. 172, 176-178（原著は，Carell, Paul（1965）：Unternehmen Barbarossa. Ullstein Buchverlage GmbH & Co.KG）

[11] 加藤陽子（2009）：それでも日本人は戦争を選んだ. 朝日出版社，pp. 347, 348, 377

[12] バーター取引についてタングステン30トンという説もあるが以下によった. 伊呂波会編（2006）：伊号潜水艦訪欧記. 光人社NF文庫，光人社，p.114

[13] マンシュタイン，エーリッヒ・フォン：（1999）：失われた勝利（上）. 中央公論新社，pp.267, 268（原著は，Manshetein　Erich von Manstein, Erich von（1955）：Verlorene Siege.）

[14] パウルスの指摘について，ビーヴァー（2005）：スターリングラード. p.64

【3】

[15] モスクワの日照時間について，http://meteoweb.ru/cl006-7.php他

[16] Neumann, J., H. Flohn（1987）：Great Historical Events That Were Significantly Affected by the Weather：Germany's War on the Soviet Union, 1941-45 I. Long-range Weather Forecasts for 1941-42 and Climatological Studies. *Bulletin of the American Meteorological Society* 68（6）pp. 620-630.

Portrait of Sir Gilbert Walker. *The Royal Meteorological Society' s monthly magazine Weather* 52 pp.217-220
[58] Philander, S. George (2004) : Our Affair with El Niño. Princeton University Press, pp. 47, 48
[59] Walker, Gilbert T, (1923) : Correlation in Seasonal Variations of Weather, VIII. A Preliminary Study of *World-Weather. Memoirs of the Indian Meteorological Department* 24 (4) pp.75-131
[60] Stephenson, David B. et al (2002) : The History of Scientific Research on the North Atlantic Oscillation. *The North Atlantic Oscillation : Climate Significance and Environmental Impact, Geophysical Monograph* 134 American Geophysical Union, pp.37-50
[61] Fagan (1999) : Floods, Famines and Emperors. p.20
[62] Walker, Gilbert T. (1924) : Correlation in Seasonal Variations of Weather, IX. -A Further Study of World Weather. *Memoirs of the Indian Meteorological Department* 24 (9) pp.275-332

▌6▐

[63] 飢饉委員会の報告について，Davis (2001) : Late Victorian Holocausts. p.175
[64] チャンドラ (2001) : 近代インドの歴史. pp.217, 245, 249, 250
[65] Davis (2001) : Late Victorian Holocausts. pp.179, 180
[66] Jansen, Thomas (2014) : Timothy Richard (1845-1919) : Welsh Missionary, educator and reformer in China. University of Wales Trinity Saint David
[67] Davis (2001) : Late Victorian Holocausts. pp.7, 185
[68] Glover, Archibald E. (1919) : A Thousand Miles of Miracle in China, a personal record of God's delivering power from the hands of the imperial Boxers of Shan-si. Pickering & Inglis, London, pp.8, 231, 250
[69] Davis (2001) : Late Victorian Holocausts. pp.264, 267, 268
[70] いわゆる帝国主義での植民地経営について，日本は他国と異なり満州および中国東北部への移民を積極的に行った
[71] Davis (2001) : Late Victorian Holocausts. p.140

第4章

▌1▐

[1] Caviedes (2001) : History in El Niño. p.146
[2] オングストロームについて，Lijas, Erik, Allan H. Murphy (1994) : Anders Ångström and His Early Papers on Probability Forecasting

Half Centuries.
[37] 飢饉の死者数からここまで，Davis（2001）：Late Victorian Holocausts. pp. 122, 141, 142, 144-146, 159
[38] 前書，pp.150, 151, 157
[39] Digby, William（1901）：Prosperous British India A Revelation. p.129
[40] Caviedes（2001）：History in El Niño. p.123
[41] Davis（2001）：Late Victorian Holocausts. p.159
[42] Bourma, Menno J., Hugo J. van der Kaary（1996）：The El Niño Southern Oscillation and the historic malaria epidemics on the Indian subcontinent and Sri Lanka：an early warning system for future epidemics? *Tropical Medisine and International Health* I pp.86-96
[43] Digby, William（1901）：Prosperous British India A Revelation. pp. 129, 130

5

[44] Anon（1934）：Henry Francis Blandford, F.R.S.（1834–93）. *Nature* Vol.133（3370）：p.824
[45] Fagan（1999）：Floods, Famines and Emperors. p.16
[46] Davis（2001）：Late Victorian Holocausts. pp.217, 218
[47] 1885年の予報的中について，Davis（2001）：Late Victorian Holocausts. p.66
[48] 1886年からの中期予報の開始について，インド熱帯気象研究所HP "Seasonal Forecasting of Indian Summer Monsoon Rainfall：A Review" より http://www.tropmet.res.in/~kolli/mol/Forecasting/frameindex.html
[49] 福岡正夫（2001）：ウィリアム・スタンレー・ジェボンズ.（日本経済新聞社編『経済学をつくった巨人たち』所収）日経ビジネス人文庫，日本経済新聞出版社
[50] Davis（2001）：Late Victorian Holocausts. p.220
[51] Evans, David D.（1973）：Lockyer. *Science* 179 pp.536-537
[52] Late Victorian Holocausts. pp.218, 224, 226
[53] Anon（1934）：Sir John Eliot, K.C.I.E., F.R.S.（1839-1908）. *Nature* 143 pp. 847-874
[54] 三つの予想要素について，インド熱帯気象研究所HP "Seasonal Forecasting of Indian Summer Monsoon Rainfall：A Review"
[55] Normand, Charles（1953）：Monsoon seasonal forecasting. *Quarterly Journal of Royal Meteorological Society* 79 pp.463-473
[56] Fagan（1999）：Floods, Famines and Emperors. pp.18, 19
[57] ここまでのウォーカーの伝記について，Walker, J.M.（1997）：Pen

[18] Davis (2001) : Late Victorian Holocausts. pp.36, 37
[19] Digby (1878) : The Famine Campaign. pp.53-61, 67
[20] 前書, pp.55, 75
[21] Dyson, Tim (1991) : On the Demography of South Asian Famines, Part I. *Population Studies* 45, pp.5-25
[22] スミス, アダム (2010) : 国富論 III. (大河内一男監訳) 中公クラシックスW61, 中央公論新社, p.50
[23] Davis (2001) : Late Victorian Holocausts. pp.27,31
[24] マルサス主義 (含むリットンの発言) について, Caldwell, John C. (1998) : Malthus and the Third World : The Pivotal Role of India. *Conference on Malthus and His Legacy* : 200 *Years of Population Debate* Canberra, 17-18 September
[25] コレラ流行からここまで, Davis (2001) : Late Victorian Holocausts. pp.37, 43, 45, 47, 48
[26] スミス, セシル・ウーダム (1981) : フロレンス・ナイチンゲールの生涯 (下). (武山満智子, 小南吉彦訳) 現代社, p.317 (原書は, Cecil, Woodham-Smith (1968) : Florence Nightingale. Constable and CO. Ltd.)
[27] Gilmour, David (2007) : The Ruling Caste. (paperback edition) Farrar, Straus and Giroux, p.115
[28] Digby, William (1901) : Prosperous British India A Revelation. T. Fisher Unwin Paternoster Square, p.128
[29] Fieldhouse, David (1996) : For Richer, for Poorer?. (in Marshall, P. J.eds The Cambridge Illustrated History of the British Empire) Cambridge : Cambridge University Press, pp. 108–146
[30] Davis (2001) : Late Victorian Holocausts. pp.65, 70, 71, 73, 74
[31] Bohr, Richard Paul (1972) : Famine in China and the Missionary : Timothy Richard as Relief Administrator and Advocate of National Reform, 1876-1884. Harvard University Press, Cambridge, pp.18-21, 24, 42, 43
[32] Food and Agriculture Organization of the United Nations (FAO) の HP. http://www.fao.org/docrep/U8480E/U8480E05.htm
[33] Bohr (1972) : Famine in China. pp.24-26
[34] Davis (2001) : Late Victorian Holocausts. p.69

4

[35] 飢饉委員会について, Gilmour (2007) : The Ruling Caste. p.115
[36] Quinn et al (1987) : El Niño Occurrences Over the Past Four and a

Survey, (Roderick Flood and Deidre McCloskey 編 "The Economic History of Britain since 1700" 所収) Cambridge University Press, pp. 242, 243

[2] 奥西孝至, 澤歩, 堀田隆司, 山本千映 (2010)：西洋経済史. 有斐閣アルマ, 有斐閣, p.198

[3] チャンドラ, ビパン (2001)：近代インドの歴史. (粟屋利江訳) 山川出版社, pp. 161, 187, 190-191 (原著は, Chandora, Bipan (1971)：Modern India：A History Textbook for Class XII. National Council of Educational Research and Training Sri Aurobindo Marg. New Dehli-110016)

[4] Davis, Mike (2001)：Late Victorian Holocausts. Verso, p.35.

[5] D・ナオロジーの講演について, 歴史学研究会編 (2009)：世界史史料8 帝国主義と各地の帝国 I. 岩波書店, p.60

‖2‖

[6] 1334年の飢饉について, Fagan (1999)：Floods, Famines and Emperors. p.7

[7] ここまでインドでの飢饉と歴史について, Caviedes (2001)：History in El Niño. pp.121, 122

[8] タンボラ火山について, 拙著 (2019)：気候文明史. 日経ビジネス人文庫, 日本経済新聞出版社, pp.311-314

[9] Caviedes (2001)：History in El Niño. p.120

[10] Lanzante, John R. (1996)：Lag Relationships Involving Tropical Sea Surface Temperatures. *Journal of Climate* 9 pp.2568-2578

[11] Klein, S.A. et al (1999)：Remote sea surface temperature variations during ENSO. Evidence for a tropical atmospheric bridge. *Journal of Climate* 12 pp.917-932

[12] 名倉元樹, 根田正典, 久保田拓志, 寺尾徹 (2003)：インドモンスーンによって年々変動するインド洋のSSTとENSOの関係についての研究. 京都大学防災研究年報 46 (B) pp. 451-460

[13] Caviedes (2001)：History in El Niño. pp.121, 122

‖3‖

[14] Davis (2001)：Late Victorian Holocausts. pp.28-31

[15] Digby, William (1878)：The Famine Campaign in Southern India, 1876-1878. Longmans, Green, and Co. pp.1, 2

[16] デカン高原の干ばつからここまで, Davis (2001)：Late Victorian Holocausts. pp.26, 33

[17] Digby (1878)：The Famine Campaign. pp.47, 48

settlement of the Pacific : A review. *Journal of Human Evolution* 79 pp.93-104

[27] Hunt, Terry L. (2006) : Rethinking the Fall of Easter Island. *American Scientist* 94 (5) pp.412–419

‖3‖

[28] 田中正武（1975）：栽培植物の起源．NHKブックス，日本放送出版協会，pp.181，183-185

[29] 財団法人いも類振興会編（2010）：サツマイモ辞典．全国農村教育協会，p.36

[30] ヘイエルダール（1967）：コン・ティキ号探検記．p.116

[31] 増田義郎（2004）：太平洋――開かれた海の歴史．集英社新書，集英社，p.24

[32] 財団法人いも類振興会編（2010）：サツマイモ辞典．p.36

[33] サツマイモの伝播について，内村政夫（2006）：コロンブス以前からポリネシアにあったサツマイモ――概観．薬学雑誌 126 pp.1341-1349

[34] サツマイモの伝播ルートについて，農林水産省HP http://www.maff.go.jp/j/agri_school/a_tanken/satu/01.html

[35] 片山一道（1991）：ポリネシア人――石器時代の遠洋航海者たち．同朋舎出版，p.219

[36] Gongora, James et al (2008) : Indo-European and Asian origins for Chilean and Pacific chickens revealed by mtDNA. *PNAS* 105 (30) pp.10308-10313

[37] Thomson et al (2014) ; Using ancient DNA to study the origins and dispersal of ancestral Polynesian chickens across the Pacific. *PNAS* 111 (13) pp.4826-4831

[38] Moreno-Mayer et al (2014) : Genome-wide Ancestry Patterns in Rapanui Suggest Pre-European Admixture with Native *Americans. Current Biology* 24 (21) pp.2518-2525

[39] Fehren-Schmitz et al (2017) : Genetic Ancestry of Rapanui before and after European Contact. *Current Biology* 27 pp.3209-3215

[40] Montenegro, Alvaro, Cris Avis, Andrew Weaver (2007) : Modeling the prehistoric arrival of the sweet potato in Polynesia. *Journal of Archaeological Science* 35 (2) pp.355-367

第3章

‖1‖

[1] McCloskey, Deidre (1994) : The Industrial Revolution 1780-1860 : A

田晃訳）現代教養文庫，社会思想社　第四章および第五章（原著は，Heyerdahl, Thor（1952）：Aku-Aku. The Secret of Easter Island. George Allen & Unwin Ltd.）
[10] ヘイエルダール（1967）：コン・ティキ号探検記. pp.265, 266
[11] 木村重信（1986）：巨石人像を追って．NHKブックス，日本放送出版協会 pp.127, 128, 177
[12] 篠遠喜彦，荒俣宏（2000）：楽園考古学. 平凡社 p.27
[13] グアノの欧米への輸出について，高橋英一（2004）：肥料になった鉱物の物語. pp. 19, 20, 23
[14] グアノ採掘場の環境について，Fagan（1999）：Floods, Famines and Emperors. pp.23-26.
[15] ここまで，西洋人との接触以降のイースター島民の移住について，オルリアック，カテリーヌ，ミッシエル・オルリアック（1995）：イースター島の謎.（猪俣兼勝訳）「知の発見」双書，創元社，pp.25-28（原著は，Orliac, Catherine, Michel Orliac（1988）：Des dieux regardent les étoile. Gallimard）
[16] Hagelberg, Eeika, Silvia Quevedo, Daniel Turbon, J.B. Clegg（1994）：DNA from ancient Easter Islanders. *Nature* 369, pp.25-26.

2

[17] ここまで移民の伝承について，Barthel, Thomas S,（1978）：The Eighth Land：The Polynesian Discovery and Settlement of Easter Island. University Press of Hawaii, Honolulu
[18] ホトゥ・マトゥ死後の相続について，オルリアック（1995）：イースター島の謎．p.52
[19] ここまで，Caviedes（2001）：History in El Niño. pp. 242-244
[20] Caviedes, César N., Peter R. Waylen（1993）：Anomalous westerly winds during El Niño events：the discovery and colonization of Easter Island. *Applied Geography* 13, pp.123-134
[21] アナケナ海岸の由来について，木村重信（1986）：巨石人像を追って. p.114
[22] 鈴木秀夫（1990）：気候の変化が言葉をかえた．日本放送出版協会，pp.56, 57
[23] 篠遠喜彦，荒俣宏（2003）：南海文明グランドクルーズ．平凡社，pp.28, 29, 159, 160
[24] ヘイエルダール（1975）：アク・アク. p.46
[25] 篠田喜彦，荒俣宏（2000）：楽園考古学. p.43
[26] Matisoo-Smith, Elizabeth（2015）：Ancient DNA and the human

[40] Caviedes (2001)：History in El Niño. pp. 46, 47
[41] サン・ミゲルを発してからここまで，ヘレス（1980）：真実の報告. pp. 465, 472, 474-477
[42] ピサロ（1984）：ピルー王国の発見と征服. p.52
[43] 8万人の兵士について，無名征服者（1966）：ペルー征服記. p.488
[44] ピサロ（1984）：ピルー王国の発見と征服. pp. 53-56
[45] 前書，pp. 56-62
[46] ヘレス（1980）：真実の報告. pp. 496, 497
[47] 戦闘時間について，無名征服者（1966）：ペルー征服記. p.493
[48] ヘレス（1980）：真実の報告. pp. 508, 509
[49] 泉靖一（1959）：インカ帝国. 岩波文庫，岩波書店，p.256　ただしヘレス書では，アタワルパは，彼の部下がワスカルを勝手に殺害したと証言した，とある.
[50] アルマグロの合流について，ヘレス（1980）：真実の報告. pp. 513-516
[51] ピサロへの賞讃について，レオン（2006）：インカ帝国史.（増田義郎訳）岩波文庫，岩波書店，p.33

第2章

1

[1] ピサロ（1984）：ピルー王国の発見と征服. pp.280, 281
[2] Gamboa, Pedro Sarmiento de (1574)：History of the Incas. http://www.gutenberg.org/etext/20218
[3] ヘイエルダール，トール（1976）：ファツ・ヒバ.（山田晃訳）現代教養文庫，社会思想社　pp.16-19, 148, 149, 180（原著は，Heyerdahl, Thor (1976)：Fatu-Hiva. George Allen & Unwin Ltd.）
[4] ヘイエルダール，トール（1967）：コン・ティキ号探検記.（水口志計夫訳）筑摩書房，pp.14, 17, 157（原著は，Heyerdahl, Thor (1952)：The Kon-Tiki Expedition. George Allen & Unwin Ltd.）
[5] ボニトン，クリス（1988）：現代の冒険（下).（田口二郎，中村輝子訳）岩波書店，pp.3, 4（原著は，Bonington, Chris (1981)：Quest for Adventure. Hodder and Stoughton Ltd., London）
[6] ヘイエルダールのニューヨーク訪問からここまで、ボニトン（1988）：現代の冒険（下). pp.4, 6, 7, 12-22
[7] 同じく、ヘイエルダール（1967）：コン・ティキ号探検記. pp.5, 11, 25-27, 77, 78, 89, 152
[8] ボニトン（1988）：現代の冒険（下). p.23
[9] ヘイエルダール，トール（1975）：アク・アク. イースター島の秘密.（山

[14] 書簡について，染田秀藤（1998）：インカ帝国の虚像と実像，pp.35, 39
[15] ピサロ（1984）：ピルー王国の発見と征服. p.18
[16] ピサロが餓死寸前になったことについて，前書．p.19
[17] ヘレス（1980）：真実の報告. pp.446-449
[18] 染田秀藤（1998）：インカ帝国の虚像と実像，p.16
[19] 死亡者数について，ピサロ（1984）：ピルー王国の発見と征服．p.16
[20] 前書, pp.3, 6, 19-21, 28, 29
[21] 無名征服者（1966）：ペルー征服記.（増田義郎訳）大航海時代叢書第・期，岩波書店, p.473
[22]（2）の終わりまで，ヘレス（1980）：真実の報告. pp. 438, 439, 450, 451

3

[23] 佐伯理郎（2003）：エルニーニョ現象を学ぶ（改訂増補版）．成山堂書店，pp.26，27
[24] 前書，pp. 18, 37, 38.
[25] 保坂（2003）：謎解き．海洋と大気の物理，p.144
[26] アコスタ，ホセ・デ（1966）：新大陸自然文化史（上）．（増田義郎訳）大航海時代叢書第Ⅲ期, 岩波書店，pp. 294, 309
[27] Caviedes, César N.（2001）: History in El Niño. University Press of Florida, pp. 57, 58.
[28] Fagan（1999）: Floods, Famines, xiii pp. 27, 28
[29] Quinn, William H., Victor T. Neal（1987）: El Niño Occurrences Over the Past Four and a Half Centuries. *Journal of Geophysical Research* 92（14）pp. 449-461
[30] Sears, Alfred F.（1895）: The Coast Desert of Peru. Journal of the American Geographical Society of New York, 27（3）pp. 256-271

4

[31] 無名征服者（1966）：ペルー征服記．p.473
[32] ヘレス（1980）：真実の報告．p.453
[33] ピサロ（1984）：ピルー王国の発見と征服．pp. 28, 29, 42
[34] ヘレス（1980）：真実の報告. pp. 458, 463, 464
[35] 無名征服者（1966）：ペルー征服記．pp.475, 476
[36] ここまで，レオン，シエサ・デ（2006）：インカ帝国史.（増田義郎訳）岩波文庫，岩波書店 pp.32, 362-366, 368, 369, 374-380
[37] インカ帝国での飛脚について，篠田喜彦，荒俣宏（2003）：南海文明グランドクルーズ. 平凡社, pp.96, 97
[38] ピサロ（1984）：ピルー王国の発見と征服．p.49
[39] 無名征服者（1966）：ペルー征服記．補注二およびpp.578-580

参考文献等

はじめに

[1] 小倉義光（1984）：一般気象学（第二版）．東京大学出版会，p.22

[2] JAMSTEC「Blue Earth」編集委員会（2008）：海から見た地球温暖化．光文社，p.5

第1章

▌1▌

[1] ボッティング，ダグラス（2008）：フンボルト：地球学の開祖．（西川治，前田紳人訳）東洋書林，pp.3，13，15，17，66，67,162（原著は，Botting, Douglas（1973）：HUMBOLT and the Cosmos. Harper & Row, Publishers, Inc.）

[2] フンボルト，アレクサンダー・フォン（2001）：新大陸赤道地方紀行（上）．（大野英二郎，荒木善太郎訳）17・18世紀大旅行記叢書第Ⅱ期9，岩波書店，p.154

[3] グアノについて，前書．pp. 185，186

[4] 同じくグアノの堆積について，Fagan，Brain Fagan（1999）：Floods, Famines and Emperors. Basic Books, pp. 24，25.

[5] グアノを用いた農業とインカ帝国での扱いについて，高橋英一（2004）：肥料になった鉱物の物語．研成社，pp. 15, 16

[6] フンボルト海流について，ボッティング（2008）：フンボルト．pp. 186，187

[7] 保坂直紀（2003）：謎解き・海洋と大気の物理．ブルーバックス，講談社，p.20

▌2▌

[8] ヘレス，フランシスコ・デ（1980）：ペルーおよびクスコ地方征服に関する真実の報告．（増田義郎訳）大航海時代叢書第Ⅱ期12，岩波書店，pp.427, 443

[9] ピサロ，ペドロ（1984）：ピルー王国の発見と征服．（増田義郎訳）大航海時代叢書第Ⅱ期16，岩波書店，pp.14，15

[10] 染田秀藤（1998）：インカ帝国の虚像と実像，講談社選書メチエ，講談社，p.28

[11] ヘレス（1980）：真実の報告．pp.443、444，446

[12] ピサロ（1984）：ピルー王国の発見と征服．p.16

[13] ヘレス（1980）：真実の報告，pp.445-447

本書は、二〇一一年八月に日本経済新聞出版社から発行した
『世界史を変えた異常気象』を文庫化にあたって改訂したものです。

日経ビジネス人文庫

世界史《せかいし》を変《か》えた異常気象《いじょうきしょう》

2019年4月30日 第1刷発行

著者
田家 康
たんげ・やすし

発行者
金子 豊

発行所
日本経済新聞出版社
東京都千代田区大手町1-3-7 〒100-8066
電話(03)3270-0251(代) https://www.nikkeibook.com/

ブックデザイン
鈴木成一デザイン室

本文DTP
マーリンクレイン

印刷・製本
中央精版印刷

Printed in Japan ISBN978-4-532-19897-8

nbb 好評既刊

良い値決め　悪い値決め

田中靖浩

会計とマーケティング、行動経済学の知見をもとに、顧客に喜ばれながら、しっかりと稼ぐ方法を教えます。元気の出るプライシング入門。

セブン-イレブン　終わりなき革新

田中　陽

愚直なまでの革新によってコンビニという業態を築き上げたセブン-イレブン。商品開発、金融、ネット展開など、強さの秘訣を徹底取材。

ひらめきの法則

高橋　誠

アルキメデス、ザッカーバーグ――天才達は、いつ、どんな環境で大発見に辿りついたのか。ユニークなエピソードから学ぶ「ひらめきの法則」。

気候で読む日本史

田家　康

寒冷化や干ばつが引き起こす飢饉、疫病、戦争――。律令時代から近代まで、日本人が異常気象にどう立ち向かってきたかを描く異色作。

気候文明史

田家　康

地球温暖化は長い人類史の一コマにすぎない。氷河期から21世紀まで、8万年にわたる気候変化と人類の闘いを解明する文明史。